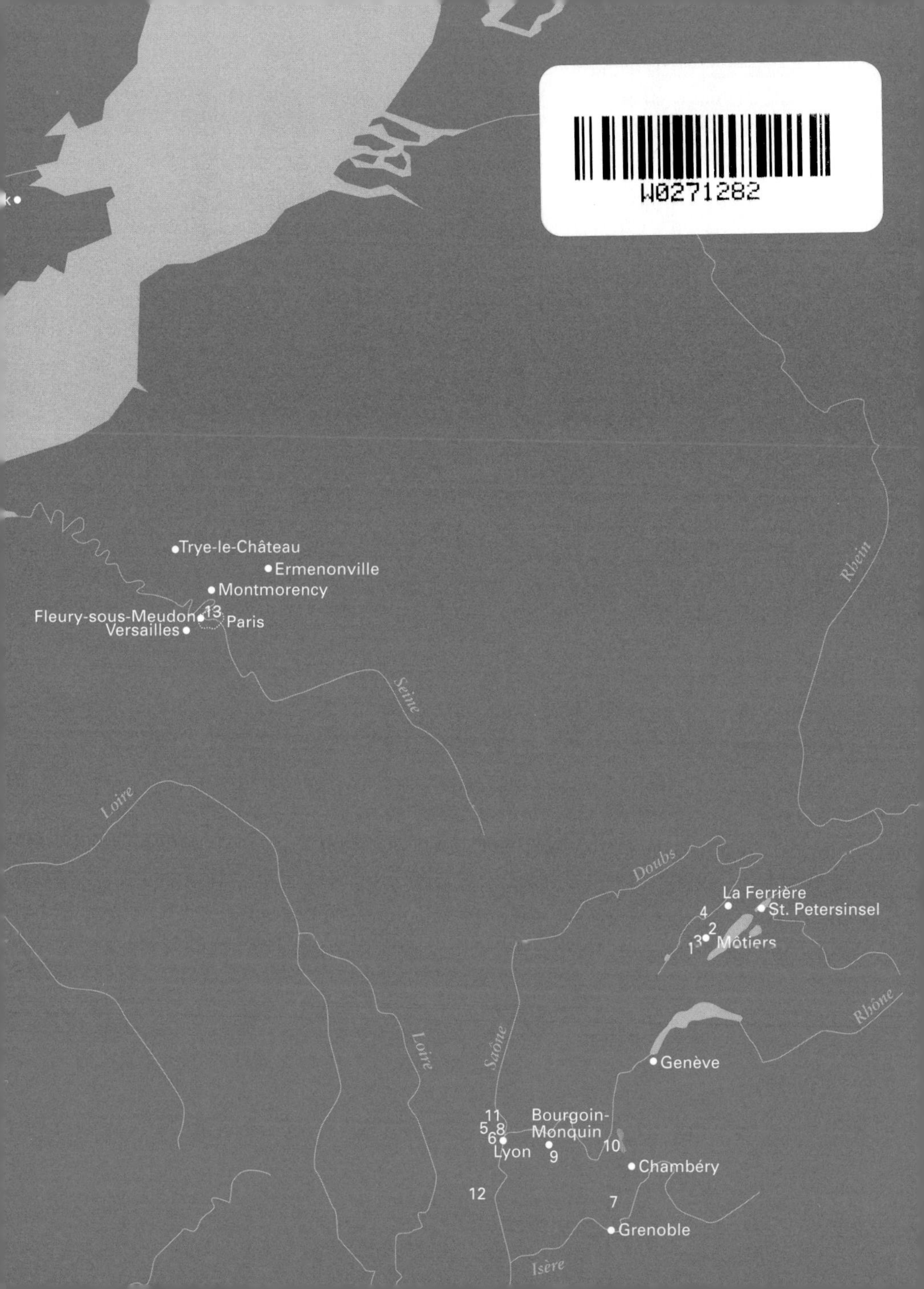
Trye-le-Château
Ermenonville
Montmorency
Fleury-sous-Meudon
13
Paris
Versailles
Seine
Rhein
Loire
Doubs
La Ferrière
St. Petersinsel
4
2
3
1
Môtiers
Rhône
Saône
Loire
Genève
11
5
8
6
Lyon
Bourgoin-
Monquin
9
10
Chambéry
12
7
Grenoble
Isère

Botanisieren mit Jean-Jacques Rousseau

Die Lehrbriefe für Madeleine
Das Herbar für Julie

herausgegeben und übertragen Ruth Schneebeli-Graf
Zeichnungen Richard Keller

«Hier gelingt es Rousseau, sein Wissen auf die ersten sinnlich vorzuweisenden Elemente zurückzuführen; er legt die Pflanzenteile einzeln vor, lehrt sie unterscheiden und benennen. Kaum aber hat er hierauf die ganze Blume aus den Teilen wieder hergestellt und sie benannt, teils durch Trivialnamen kenntlich gemacht, teils die Linnésche Terminologie ehrenhaft, ihren Wert bekennend, eingeführt, so gibt er also bald eine breitere Übersicht ganzer Maßen.

Nach und nach führt er uns vor Liliaceen, Cruciferen mit Schoten und Schötchen, Rachen- und Maskenblütler, zuletzt Umbellen und Compositen, und indem er auf diesem Wege die Unterschiede in steigender Mannigfaltigkeit und Verschränktheit anschaulich macht, führt er uns unmerklich einer vollständigen Übersicht entgegen.» –

«Es sind allerliebste Briefe, worin er Wissenschaft auf das Fasslichste und Zierlichste einer Dame vorträgt. Ich nehme daher den Anlass, das schöne Reich der Blumen meinen schönen Freundinnen auf Neue zu empfehlen.»

J.W. Goethe ‹Geschichte meiner botanischen Studien›

BOTANISIEREN

DIE LEHRBRIEFE FÜR MADELEINE

MIT

DAS HERBAR FÜR JULIE

JEAN-JACQUES ROUSSEAU

herausgegeben und übertragen Ruth Schneebeli-Graf
Zeichnungen Richard Keller

Ott Verlag Thun

RICHARD KELLER lebt in Varignano di Arco (Italien). Publikationen u.a.: ‹Alpenpflanzen im Lebensraum›, ‹Arco nel suo verde› / ‹Arco-Gardasee-Südalpen›; ‹Tafeln Naturlehrpfad Schweizerischer Nationalpark›.

RUTH SCHNEEBELI-GRAF lebt in Kriens (Schweiz). Publikationen u.a.: Adelbert von Chamisso – ‹Naturwissenschaftliche Schriften›, Adelbert von Chamisso – ‹Heil-Gift- und Nutzpflanzenbuch›; ‹Blütenland China – Zierpflanzen / Nutzpflanzen›.

Inhalt

Vorbemerkung und Dank

Seit der ersten Edition ist unpubliziertes Material zum Thema aufgetaucht, so dass sich der Gedanke ganz allmählich konkretisierte, die ‹Lehrbriefe› neu herauszugeben. Zudem hat der Wunsch, es nochmals zu versuchen, die Verdienste Rousseaus als Botaniker ins Licht zu rücken, mich angestachelt, auf diese Herausforderung einzugehen.

Die Neuausgabe enthält die acht echten ‹Botanische Lehrbriefe› und sie ist erweitert worden mit farbigen Abbildungen von Julies Herbar, welches sozusagen als ‹corpus delicti› in den ‹Lehrbriefen› eine wichtige Rolle spielt; es wird in der Zentral- und Universitätsbibliothek Zürich aufbewahrt. – Wesensverwandte Zeichnungen und Studien Richard Kellers, bestbekannt für seine Darstellungen pflanzlicher Lebensräume und vergleichender Morphologie, sind den ‹Lehrbriefen› zugeordnet, sodass jede beschriebene Familie mit ihren charakteristischen Merkmalen begreifbarer, fasslicher, sozusagen sichtbar wird. – Die unbekannten Erinnerungen des Naturforschers Bernardin de Saint-Pierre, der in den letzten Lebensjahren Rousseau auf den täglichen botanischen Spaziergängen rund um Paris begleitete, dienen als Einleitung.

Im Anhang: Blick auf Rousseaus Jahre der Verbannung und des Botanisierens; erstmals dargestellt und aufgenommen sind in diesem Zusammenhang die Aufenthaltsorte in der Schweiz, England und Frankreich; Berichte botanischer Exkursionen; Rousseaus Herbarien; Rousseaus botanische Bibliothek; Rousseaus ‹Wunschgarten›; eine Auswahl der unpublizierten ‹caractères botaniques› Rousseaus Botanische Bilderschrift in Faksimile; Briefe an die Herzogin von Portland, die Botanikfreunde de La Tourrette und de Malesherbes stehen am Schluss; sie orientieren über die intensive botanische Tätigkeit jener Jahre.

Rousseaus bahnbrechende philosophische Erkenntnisse wirken nach bis in die Gegenwart. Durch die posthume Publikation der ‹Lettres élémentaires sur la botanique› wurde er zum Wegbereiter populär-wissenschaftlicher Literatur. Mit diesem botanischen Unterricht in Briefen schuf dieser Botaniker eine neue Lehrmittelform und befreite das Pflanzenstudium von beschwerender Gelahrtheit. Mit scheinbar leichter Hand charakterisiert er anschaulich, wissenschaftlich korrekt einzelne Familien; ausdrücklich weist er hin auf die damals noch nicht lang anerkannte Sexualität der Pflanzen, wie z.B. beim Beschreiben einzelner Blütenteile, oder bei der männlichen und weiblichen Hopfenpflanze in Julies Herbar. Seine geradezu revolutionäre Aufforderung, draußen in Feld und Wald mit offenen Augen nach Pflanzen zu suchen, sie an ihren Standorten sinnlich wahrzunehmen, hat dazu geführt, dass Botanisieren damals in ganz Europa bei Adligen, Bürgerinnen und Bürgern nicht nur zu einer beliebten, sondern auch angesehenen Freizeitbeschäftigung wurde. – Dieser heitere Botanikunterricht hat Jahrhunderte überdauert, und er hat nichts verloren von seiner anmutigen Frische.

Besonders danke ich Prof. Dr. Klaus Ammann, Direktor Botanischer Garten Bern, Prof. Dr. Christopher D. K. Cook, em. Direktor Botanischer Garten Zürich, Prof. Dr. Rosmarie Honegger, Institut für Pflanzenbiologie der Universität Zürich und Dr. Guy-André Mayor, Gymnasium Reussbühl/Luzern, die mir beim Suchen nach einem geeigneten Verlag und noch möglichen Sponsoren ideenreich geholfen haben.

Herzlichst danke ich folgenden Sponsoren und Institutionen, die es mit ihrer finanziellen Unterstützung ermöglicht haben, mein ‹Rousseau-als-Botaniker-Traumprojekt› als Buchausgabe zu realisieren: Burgergemeinde Bern, A. und G. Claraz-Schenkung, MGB Migros Kulturprozent, Stiftung für Suchende Luzern. In diesen meinen Dank schließe ich meinen kürzlich verstorbenen langjährigen Informanten Henri Cheyron, Carpentras (Frankreich), ein, dessen umfangreiche Dissertation ‹Rousseau et la végétabilité› leider nie publiziert worden ist. Von Herzen danke ich Richard Keller, Varignano di Arco (Italien), der meinen

Wunsch erfüllt und aus seinem reichen Archiv Zeichnungen und Studien für diese Edition der Rousseau'schen ‹Lehrbriefe› zur Auswahl gegeben hat. Für die heiter-kreative Zusammenarbeit, für Konzept, Layout und geografische Ortskarte danke ich Monika Sommerhalder, Luzern; einschließen möchte ich Felix C. Furrer, Verlagsleiter Ott Verlag Thun, für Verständnis und Kompetenz während der Produktion. Und, last but not least, danke ich meiner Familie, meinen Freundinnen und Freunden für ihre stete energiespendende Unterstützung beim Versuch, ‹Botanisieren mit Rousseau› zu realisieren.

Kriens (Schweiz), im Frühjahr 2003 RSG

ZU GAST BEI JEAN-JACQUES ROUSSEAU

Erinnerungen von J. H. Bernardin de St-Pierre

«Im Juni 1772 führte mich ein Freund zu J.-J. Rousseau, der damals an der rue Platrière wohnte. Wir stiegen vier Treppen hoch, klopften an, Madame Rousseau öffnete mit den Worten: «Treten Sie ein, meine Herren, mein Gatte erwartet sie.» Wir durchquerten eine sehr enge Diele, die Haushaltgegenstände fein säuberlich geordnet. Dann traten wir ins Zimmer, wo Rousseau, im Gehrock, mit weißer Mütze, am Tisch saß und Musiknoten kopierte. Lachend erhob er sich, rückte für uns zwei Stühle zurecht, setzte sich wieder und begann mit uns das Gespräch, zugleich mit seiner Arbeit fortfahrend.

Mittelgroß, schlank, etwas gebückt, – war das seine natürliche Haltung, eine Folge seiner Kopistenarbeit, oder war es das Alter –? Damals war er vierundsechzig Jahre alt, noch immer ‹bel homme›, gebräunter Teint, wohlgeformte Lippen, sehr schöne Nase, hohe gewölbte Stirne, das Auge strahlend, Lachfältchen, der Gesichtsausdruck von tiefster Melancholie zu lebhaftester Fröhlichkeit wechselnd; fast rührend liebenswürdig, eine kaum spürbare leise Einfühlsamkeit.

Die sehr kleine, saubere, einfach möblierte Wohnung wirkte merkwürdig friedlich. Vorhänge und Bettüberzüge aus blauweiß kariertem Baumwollstoff, in der Ecke ein Spinett. – «Musik ist mir ebenso wichtig wie das tägliche Brot.» Auf den Fenstersimsen standen Kisten und Töpfe mit allerlei keimenden ‹Wegrand›-Pflanzen, die Rousseau mit größtem Vergnügen betrachtete; ausgesät hatte er u.a. Hopfen- und den Stachligen Schneckenklee und freute sich schon auf die Früchtchen.

Erstes Gespräch

Ich erzählte von meinen Reisen, dann redeten wir von Tagesneuigkeiten; nachher las Rousseau seinen abschlägigen Bescheid an den Grafen de Mirabeau vor, der ihn aufgefordert hatte, wieder in die ‹politische Literatur› einzusteigen. Ich äußerte meine Bewunderung für ‹Emile› und das Musikspiel ‹Le devin du village›, was Rousseau offensichtlich freute, und er meinte: «Dieses Werk habe ich auch am liebsten; meine Feinde können mir viel vorwerfen, aber einen ‹Devin› werden sie nie nachmachen können».

Nachher zeigte er uns voller Freude und Stolz seine Sammlung von Sämereien, alle aufs säuberlichste in Schächtelchen geordnet. Meine Bemerkung «noch nie sei ich einem Menschen begegnet, der eine so große Quantität verschiedenster Sämereien besäße für ein so winziges Stückchen Erde!», quittierte er mit fröhlichem Lachen.

Einige Tage später besuchte er mich, runde Perücke, gut gepudert und frisiert, den Hut unter dem Arm tragend, kremfarbener, baumwollener Anzug, ein sogenanntes ‹habit de nanking›, einfach, aber auffallend sauber. Beim Gang durch die Tuilerien duftete es nach frisch geröstetem Kaffee und er sagte nebenbei: «Kaffee und Eis sind die einzigen luxuriösen Dinge, die ich liebe».

Tagesablauf

Im Sommer stand er um halb sechs Uhr auf und begann mit seinem Broterwerb Musiknoten kopieren bis um halb acht. Dann ordnete er, während er frühstückte, alle Pflanzen, die er tags zuvor gesammelt hatte. Dann wiederum Notenkopieren bis um halb eins. Oft nach dem Mittagessen, um halb zwei, ging er Richtung Champs-Elysées, wo sich ‹sein› Café befand, – es war ein umfunktioniertes Badezimmer der Marquise de Pompadour –, dort traf er sich mit Bekannten, um einen Kaffee zu trinken. Von hier aus gingen wir oft botanisieren: Bois de Boulogne, Bois de Vincennes, Seine Ufer usw. usw., den Hut trug er immer unterm Arm, auch an praller Sonne, obschon ich davor warnte. «Ich liebe die Sonne, sie tut mir gut, ich fürchte mich vor dem Regen. Wie Sie sehen, bin ich genau das Gegenteil vom Schweizer Barometermännchen: Wenn es reingeht, gehe ich raus, kommt es raus, gehe ich rein!» und lachte.

Als ausdauernder Wanderer kam er erst beim Eindämmern zurück, erfrischt und gar nicht müde. Das Abendessen bestand meistens aus ‹biscuits›, eine Art Zuckerbrot, und Wein; um halb zehn ging Rousseau zu Bett.

Die tägliche Nahrung bestand aus wenig Fleisch, verschiedenste Gemüse; in Wasser gekochte Kartoffeln, – wie die Engländer sie zubereiten, fand er bekömmlicher als die französische Art sie zu fritieren –; unvergessen war die rosafarbene Sahne vom Val de Travers! Die weidenden Kühe hatten sich an Walderdbeeren gütlich getan.

Einladung zum Mittagessen

Um 11 Uhr mittags traf ich ein, und wir redeten dies und das bis um halb eins. Seine Gattin deckte den Tisch; er nahm eine Flasche Wein, stellte sie auf den Tisch, sah mich fragend an, ob wir wohl genug hätten und ob ich gerne trinke. «Wieviel sind wir?» fragte ich. «Drei», sagte er, «Sie, meine Frau und ich.» – «Wenn ich allein Wein trinke, dann mag ich gut eine halbe Flasche, aber mit Freunden trinke ich sogar etwas mehr.» – «Dann haben wir nicht genug, ich gehe noch eine Flasche im Keller holen.» – Zurückgekehrt stellte er die zweite Flasche auf den Tisch. Seine Frau servierte zwei verschiedene Gerichte, das erste war mit Teig überbacken, das zweite nicht. «Hier ist das Ihre.» – «Ich esse kaum Pasteten», sagte ich, möchte aber gerne, das Ihre versuchen.» – «Oh! beides sind einfache Gerichte. Aber viele mögen dieses hier nicht: Es ist schweizerisch: ein Eintopf mit verschiedenen Gemüsen, etwas Schaffleisch und Edelkastanien.» Es schmeckte ausgezeichnet. Nachher servierte seine Frau den Kaffee. Mit Augenzwinkern: «Ich offeriere Ihnen keinen Likör, weil ich gar keinen habe!»

Während des Essens sprachen wir zuerst von Indien, dann kamen die Griechen, die Römer an die Reihe. Nachher holte er auf meinen Wunsch ein paar Manuskripte hervor. Er las eine Fortsetzung zu ‹Emile›, dann einige charmante ins Französische übersetzte Passagen aus dem ‹Tasso›, zwei ‹Botanische Lehrbriefe›, ein kurzes Prosagedicht über einen Leviten, dessen Frau von Benjamiten vergewaltigt worden ist. «Denken Sie daran, diese Texte zu publizieren?» – «Gott behüte mich davor!», sagte er; «ich habe dies zum Vergnügen, als Zeitvertreib geschrieben, auch kann ich meiner Frau abends etwas vorlesen.» – «Oh! ja, eine so traurige Geschichte!», fiel Madame Rousseau ins Gespräch, «diese arme Sophronie! Ich habe so geweint, als mein Mann mir jene Stelle vorgelesen hat.»

Kurz darauf, gab sie mir zu verstehen, dass es spät sei. Tatsächlich, es war schon nach neun Uhr; diese zehn Stunden verflogen wie ein einziger Augenblick!

Musiknoten kopieren

Eines Morgens, als ich bei Rousseau eintraf, kamen Dienstboten, die entweder bestellte Musikrollen abholen wollten oder, um neue Aufträge zu erteilten. Er empfing sie stehend, barhaupt und ohne Perücke. Den einen sagte er: Es macht soundso viel, und sie händigten den verlangten Betrag aus. Die andern fragte er: «Wann müssen Sie die Noten haben?» – «Meine Herrin möchte sie in vierzehn Tagen haben.» – «Oh! das ist unmöglich, denn ich habe noch etliche unerledigte Aufträge; ich brauche mindestens drei Wochen.» Manchmal nahm er den Auftrag an, manchmal lehnte er ab, all dies mit jener Höflichkeit, die einen Handwerker mit Anstand verrieten.

Als wir allein waren, drängte es mich, ihn zu fragen: «Weshalb machen Sie nicht mehr aus all Ihren Talenten?» – «Oh, es gibt zwei Rousseaus auf dieser Welt: Der eine ist reich, oder hätte reich sein können, wenn er es nicht ist, dann ist er selber schuld daran, denn er ist ein launenhafter, sonderbarer, exzentrischer Mensch. so kennt ihn die Öffentlichkeit. Der andere Rousseau muss seinen Lebensunterhalt verdienen; dieser steht vor Ihnen.»

«Aber dank Ihrer Werke sollten Sie doch wohlhabend sein! Jeder Buchhändler hat sich damit bereichert.» – «Im Ganzen habe ich nicht einmal zwanzigtausend Pfund erhalten; dieses Geld habe ich in Raten ausbezahlt bekommen, und so wurde das Geld nach und nach aufgegessen. Ein dankbarer holländischer Buchhändler hat mir eine Lebensrente von sechshundert Pfund jährlich verschrieben, nach meinem Tod wird meine Frau die Hälfte erhalten. Das ist mein ganzes Vermögen. Mein kleiner Haushalt kostet 100 louis d'or. Sie verstehen, der Rest muss verdient werden.»

«Warum schreiben Sie denn nicht mehr?» – «Ach Gott, hätte ich doch nie geschrieben! Schreiben und Publizieren hat mir nur Unglück eingebracht, was mir übrigens prophezeit worden ist! Nun, ich werde nichts mehr veröffentlichen, so habe ich meine Ruhe und meinen Frieden; es sind sicher mehr als zehn Jahre her, seit ich nichts mehr publiziert habe.»

Jacques Henri Bernardin de Saint-Pierre (1737–1814), einflussreicher ‹naturaliste›, letzter Direktor ‹Jardin du Roy›; Reisen nach Finnland, Russland, Mauritius, Madagascar; Seine ‹Etudes sur la nature›, sein Roman ‹Paul et Virginie› waren Auslöser der heute noch aktuellen ‹Südsee-Sehnsucht›; beeinflusste nicht nur Alexander von Humboldt, sondern alle nachfolgenden Naturforscher, Reisenden und Schriftsteller. Begleitete Rousseau auf den Pariser Spaziergängen von 1772 bis ins Todesjahr 1778. Als einziger Zeitgenosse hat Bernardin de Saint-Pierre Rousseaus Bedeutung als Botaniker erkannt.

ACHT BOTANISCHE LEHRBRIEFE FÜR MADELEINE DELESSERT

Zeichnungen Richard Keller

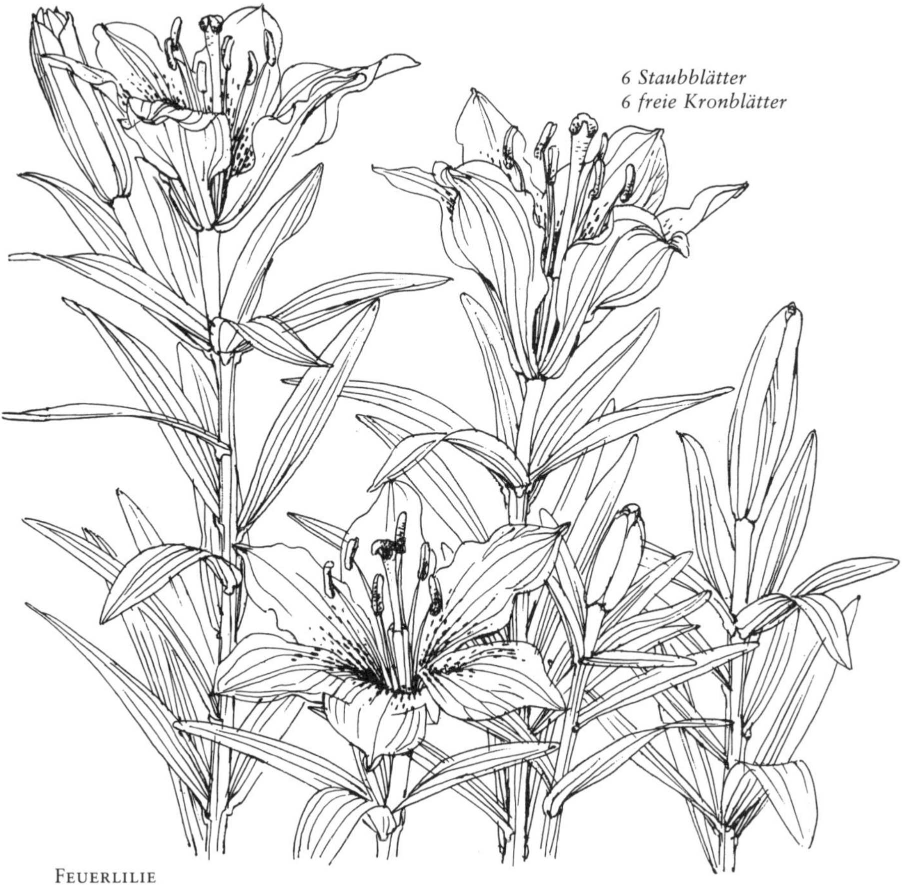

FEUERLILIE
Blatt einfach, ganzrandig, paralleladerig

LILIENGEWÄCHSE

Wurzeln: Zwiebel, Knollen ‹Zehen› (Knoblauch); Laubblätter: einfach, ganzrandig paralleladerig; Blüte: Kelch nicht vorhanden; freie Kronblätter, 3–(6)-zählig, meist lebhaft gefärbt; 6 Staubblätter; oberständiger Fruchtknoten 3-fächerig; Frucht: Kapsel 3-fächerig.

ERSTER BRIEF

23. August 1771

Welch vortrefflicher Einfall, liebe Freundin, Ihre lebhafte Tochter in Pflanzenkunde zu unterrichten. Sie wird viel Kurzweil damit haben. Ich selbst hätte es nicht gewagt, Ihnen diesen Vorschlag zu machen, aus Angst, Sie könnten in mir den Schulmeister sehen. Aber die Idee stammt von Ihnen, ich billige sie von ganzem Herzen. Denn ich bin davon überzeugt, dass das Studium der Natur jederzeit und in jedem Alter schale, leere Stunden vertreibt, ja sogar vor stürmischen Leidenschaften schützt. Dieses Studium erfüllt nicht nur den Geist, sondern auch die Seele. Sie haben damit begonnen, der Kleinen die häufigsten Pflanzen aus Ihrer Umgebung zu zeigen und zu benennen. Genau das Richtige! Die paar Pflanzen, die sie nun vom Sehen her kennt, werden als Vergleichsobjekte dienen; so wird sie ihre Kenntnisse erweitern. Nun verlangen Sie von mir eine Liste mit den bekanntesten Pflanzen, die ich, damit Sie sie bestimmen können, charakterisieren sollte. Dieser Wunsch bringt mich etwas in Verlegenheit, er macht mich unschlüssig. Ich müsste also diese Angaben klar und verständlich auf schriftlichem Wege mitteilen, was nicht ohne botanische Fachausdrücke zu bewerkstelligen wäre; aber Sie würden diese wiederum nicht ohne Erklärungen verstehen. Im Übrigen scheint es mir recht langweilig zu sein, nur irgendwelche neue Pflanzen und deren Namen kennenzulernen. Ich glaube, Ihre Tochter hätte bald genug davon.

Hier nun mein Vorschlag: Zuerst möchte ich Bau und Gestalt einer Pflanze darlegen. Ich habe die Absicht – und würden Sie auch nur für kurze Zeit das schönste und vielfältigste Reich der Natur betreten – Ihnen durch meine Hinweise etwas Licht ins Dunkel zu bringen. Es geht ja recht eigentlich nicht nur um die Namen, um Terminologie und Taxonomie, das ist gerade recht für die Herboristen! Zum Beispiel, kann ich mir einen guten Botaniker vorstellen, der die Pflanzen an ihrer Gestalt, an ihrem Aussehen erkennt, ohne aber die Namen zu wissen.

Zwar beabsichtige ich nicht, aus Ihrer Tochter eine große Pflanzenkennerin zu machen. Immerhin möchte ich versuchen, auch scheint es mir sehr nützlich, sie zu lehren, mit offenen Augen die Natur zu sehen, nämlich genau das, was sie sieht, was vor ihr ist und lebt. Nun, lassen Sie sich nicht von diesem meinem Plan abschrecken. Es wird weder kompliziert noch schwierig sein, mir zu folgen. Nur um eines bitte ich, und zwar um die Geduld ganz von vorne, mit dem Anfang anzufangen! Nachher können wir vorwärtsgehen, soweit wir wollen, wie wir wollen und wohin wir wollen.

Leider sind wir schon mitten im Spätsommer und die Pflanzen, deren Gestalt am einfachsten ist, sind schon verblüht. So wollen wir diese Zeit nützen, um etwas Ordnung in das bereits Gelernte zu bringen. Der kommende Frühling wird es wieder möglich machen, den Lauf der Natur zu beobachten. Bis dahin erläutere ich Ihnen die wichtigsten Ausdrücke aus dem botanischen Wörterbuch. Nicht schlecht wäre es, diese auswendig zu lernen. Eine ganze Pflanze teilt sich in Wurzel, Stengel, Zweig, Blatt, Blüte und Frucht. (In der botanischen Sprache heißt alles Frucht, was mit der ‹Fabrikation› des Samens zu tun hat, sei es bei Kräutern, Sträuchern oder Bäumen.) Nun, Sie kennen das alles schon, wenigstens vom Hörensagen. Aber wir müssen erst die Pflanzenteile genau untersuchen, besonders jene, die bei der Fruchtbildung beteiligt sind, nämlich die Blüte und den Samen. Fangen wir mit der Blüte an, die sich zuerst entwickelt. In ihr erreicht und beschließt die Natur die Summe ihrer Arbeit, so pflanzt sie sich fort, so überdauert sie. Die Blüte ist der auffallendste aller Pflanzenteile; sie verändert sich am wenigsten. Nehmen Sie eine Lilie zur Hand. Jetzt ist es noch leicht eine blühende zu finden. Bevor sie sich öffnet, sehen Sie an der Spitze des Stengels eine länglich-grünliche Knospe, die, sich entfaltend, immer weißer wird; hat sie sich ganz geöffnet, gleicht die weiße Hülle einer in mehrere Segmente geteilten Vase. Dieser einhüllende, farbige Teil, weiß bei der Lilie, nennt man *Krone* und nicht Blume, noch Blüte, wie man gemeinhin sagt. Die Blume, die Blüte ist nämlich aus verschiedenen Teilen zusammengesetzt; die Krone ist einer der wichtigsten.

Was leicht zu sehen ist: Die Krone der Lilie ist nicht aus einem Stück. Verwelkt sie, fallen sechs Teile ab, die *Kronblätter*. Die Krone einer Blume, die aus verschiedenen Teilen besteht, nennt man *frei-* oder *vielkronblättrig*. Ist sie aber nur aus einem Teil, wie zum Beispiel die Krone der Winde, nennt man sie *verwachsenblättrig*. Doch gehen wir zurück zu unserer Lilie. Mitten in der Krone finden Sie etwas Herausragendes, ähnlich einer Säule, das am Grunde angeheftet ist. Diese ‹Säule›, als Ganzes genommen, heißt *Stempel*. Er besteht aus drei Teilen; der unterste ist zylindrisch, wie angeschwollen, mit drei abgerundeten Ecken – *der Fruchtknoten* oder *das Ovar*; darauf wächst ein dünner Faden – es ist der *Griffel*. Der Griffel wird gekrönt wie von einem Kapitellchen – das ist die *Narbe*. Da hätten wir schon alle drei Bestandteile des Stempels. Zwischen Krone und Stempel sehen Sie noch sechs andere Elemente, es sind die *Staubblätter*. Jedes Staubblatt besteht aus zwei Teilen. Verstehen Sie mich richtig? – Die dünnen Fäden, am Grunde der Krone angewachsen, sind *Staubfäden* oder *Filamente*; das verdickte Ende wird von den *Staubbeuteln* oder *Antheren* gebildet. Die Antheren, kleinen Schächtelchen ähnlich, öffnen sich bei der Reife und versprühen einen gelben duftenden Staub, von diesem haben wir noch später zu reden. Diesen Blütenstaub nennen die Botaniker *Pollen*.

Fahren wir fort mit dieser recht groben Beschreibung der Blütenbestandteile. Nach und nach verwelkt die Krone und fällt ab. Das Ovar oder der Fruchtknoten schwillt immer mehr an und wird zu einer länglichen dreieckigen Kapsel, die drei flache Samen enthält, verteilt auf drei Fruchtfächer. Diese Kapsel, die Hülle der Samen, heißt *Perikarp* oder *Fruchtschale*. Darüber will ich aber noch nicht schreiben. Dieses Thema wird der Inhalt eines spätern Briefes sein.

Alle Bestandteile, die ich Ihnen bis dahin aufgezählt und beschrieben habe, finden Sie gleicherweise bei den meisten andern Pflanzen. Allerdings mit graduellen Unterschieden, verschiedenen Ansatzpunkten, andern Zahlenverhältnissen. Analogie der Bestandteile und deren mannigfaltige Verknüpfung bestimmen die Familienzugehörigkeit im Pflanzenreich. Oft ist es sehr aufschlussreich zu sehen, wie Teile der Blüte über-

Blütenlängsschnitt
Oberständiger
Fruchtknoten
Viele Samenanlagen

WEINBERG-TULPE
6 freie, gelbe Kronblätter
6 Staubblätter
Fruchknoten verwachsen
3-fächerig, 3 Narben

HERBST-ZEITLOSE
bewurzelte Zwiebelchen
sich teilend

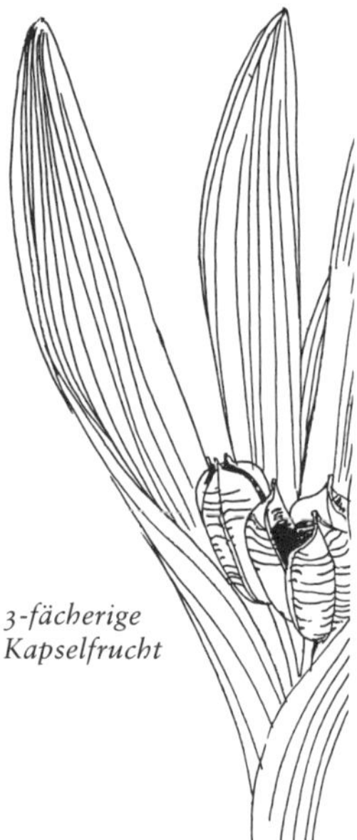

3-fächerige
Kapselfrucht

HERBST-ZEITLOSE
Blatt paralleladerig
breit-lanzettlich

einstimmen mit andern Pflanzenorganen, wie zum Beispiel: Die Sechserzahl der Staubgefäße (manchmal nur drei), die sechs Kronblätter oder die sechs Kronblattabschnitte, die dreieckige Form des Ovars mit den drei Fruchtfächern bestimmen die ganze Familie der *Liliengewächse*. Jede Art dieser sehr zahlreichen Familie bildet als Wurzel eine *Zwiebel* oder eine *Knolle* aus, mehr oder weniger deutlich ausgebildet und mit verschiedenartigem Aussehen. Die Zwiebel einer Lilie ist mit Schuppen bedeckt; jene der Asphodele, der Schattenlilie, besteht aus einem Wurzelpaket länglicher ‹Zehen›; beim Frühlingssafran, dem Krokus, sind es zwei übereinandergelegte Zwiebelknöllchen; bei der Herbstzeitlose liegen sie nebeneinander. Immer aber handelt es sich um Zwiebeln oder Knollen.

Ich habe die Lilie als Beispiel gewählt, weil sie jetzt noch blüht und auch noch wegen der Größe ihrer Blüten. Bei den eben beschriebenen, leicht erkennbaren Bestandteilen fehlt hingegen ein wichtiger Teil, um eine vollständige Blüte zu bilden, nämlich der Kelch. Der *Kelch*, meistens grün und in fünf Blättchen aufgeteilt, schützt und hüllt die Blumenkrone ein, bevor sie sich entfaltet. Sie haben dies sicher schon bei der Rose beobachten können. Die meisten Blütenpflanzen besitzen einen; er fehlt aber bei allen Vertretern der Liliengewächse, so bei der Tulpe, der Hyazinthe, der Narzisse, der Trichterlilie usw. Zu derselben Familie gehören auch Zwiebel, Lauch, Knoblauch, obschon sie auf den ersten Blick nichts Lilienartiges haben. Recht bald werden Sie feststellen, dass Liliengewächse einen einfachen, wenig verzweigten Stengel haben. Die Blätter sind *ganzrandig* und *streifen-* oder *parallelnervig*, nie gezähnt noch gelappt. Stengel und Blatt, Blüte und Frucht entsprechen sich bei den Lilien. Wenn Sie diese Einzelheiten aufmerksam studieren, das Beobachtete nachprüfen, sind Sie unversehens in der Lage, selber zu entscheiden, ob eine Pflanze zu den Liliaceen gehört oder nicht, ohne auch nur den Namen vorher zu kennen. Sie sehen jetzt sicher ein, das ist nicht mehr nur schale Gedächtnisarbeit, sondern sie kann den Geist eines echten Naturfreundes erfüllen und beglücken. Nun, teilen Sie dies alles ja nicht gleich brühwarm Ihrer Tochter mit, auch dann nicht, wenn Sie selbst, liebe Freundin, in die Geheimnisse der Pflanzenwelt eingeweiht sind. Nur ganz allmählich und in leichtem Gespräch dürfen Sie ihr diesen Wissensstoff vermitteln, gerade was jeweils zu ihrem Alter passt. Am besten wäre es, wenn Ihre Tochter versuchte, manches selber herauszufinden, anstatt ihr alles beizubringen. Das wär's fürs erste – und einen recht schönen Tag wünsche ich. Und wenn Ihnen, meine Liebe, dieses Gewäsch gefällt, stehe ich gerne weiterhin zu Ihren Diensten.

ZWEITER BRIEF

18. Oktober 1771

Da Sie, liebe Freundin, so gut meinen Gedanken über die Pflanzen folgen, obschon ich sie nur schlecht und recht skizziert habe, Ihr waches Auge schon Familienähnlichkeiten bei den Liliaceen entdeckt hat, und auch weil unsere liebe kleine Botanikerin sich nun mit Blütenkronen und Kronblättern vergnügt, will ich versuchen noch eine andere Familie vorzustellen. Die Kleine kann dann erneut ihre noch minimen Kenntnisse prüfen. Zwar wird es diesmal etwas schwieriger sein, da die Blüten kleiner, viel kleiner sind, und die Blätter verschiedene Formen haben. Doch die Freude wird für Sie und Ihre Tochter ebenso groß sein, wenigstens, wenn Sie gleich empfinden wie ich, mir auf diesem blumengeschmückten Weg zu folgen, den ich für Sie aufspüre.

Im kommenden Frühling, wenn die ersten Sonnenstrahlen auf Ihre Fortschritte fallen werden, und in den Gärten Tulpen, Narzissen, Hyazinthen, Aprilglocken und Maiglöckchen blühen, die Sie ja jetzt alle schon bestimmen können, werden noch andere Blumen die Blicke auf sich ziehen und verlangen, dass sie untersucht werden. Zum Beispiel: *Levkoje* oder *Goldlack*, auch die *Nachtviole*. Falls Sie solche mit gefüllten Blüten finden, bitte, lassen Sie sie beiseite! Denn sie sind verstümmelt, oder, wenn Sie vorziehen, sie sind modisch aufgeputzt. Die reine Natur ist da nicht mehr zu finden; denn vervielfacht sich das Auffallendste, also die Blumenkrone, geschieht es auf Kosten von wesentlicheren Teilen, die von solch großer Pracht erdrückt und verdrängt werden: Diese Missgestalten sind unfruchtbar, sie können sich nicht mehr fortpflanzen.

Und jetzt gehen Sie gleich in den Garten und pflücken Sie sich eine Levkoje. Beim Zerlegen der Blüte bemerken Sie sofort einen äußern Teil, der den Lilien fehlt, nämlich den *Kelch*. Er ist in vier *Kelchblätter* oder *Sepalen* aufgeteilt. Meistens sind diese vier Teile ungleich groß und

Turm-Gänsekresse
Schoten sichelförmig hängend

4 freie, gelbliche Kronblätter
6 Staubblätter, 4 lange, 2 kürzere

Turmkraut
4 freie, gelbliche Kronblätter
Schoten steif aufrecht

KREUZBLÜTLER

Wurzeln: oft verdickt (Rettich); Laubblätter: meist wechselständig, geteilt oder ungeteilt. Blüte aus Kelch und Krone bestehend: Kelch 4-zählig mit Höcker am Grunde; 4 freie Blütenkronblätter versetzt stehend; 6 Staubblätter, 4 längere, 2 kürzere; Narbe gegabelt, zweispaltig, gekrümmt. Frucht: Schote oder Schötchen; Schote länger als breit mit dünner Scheidewand; Schötchen ebenso breit wie lang.

paarig versetzt, d.h. die beiden größeren Kelchblätter stehen einander gegenüber, ebenso die kleineren; auffallend ist ein kleiner *Höcker* am Grunde von jedem Kelchblatt. Im Kelch befindet sich eine Blüte mit vier Blumenkronblättern oder Petalen, deren Farbe ich nicht erwähne, weil sie unwichtig ist für die Charakterisierung der Familie. Jedes Kronblatt ist mit dem *Blütenboden* oder *Rezeptakel* verwachsen. Mit andern Worten: Der schmale, blassere Unterteil, den man *Nagel* nennt, ist mit dem Kelchgrund verbunden; der farbigere Teil, welcher über den Kelch herauslappt, ist die *Platte*. Mitten in der Blütenkrone befindet sich ein länglicher, fast zylindrischer Stempel mit sehr kurzem Griffel, auf dem eine zweispaltige, gekrümmte Narbe sitzt. Wenn Sie nun die Stellung von Kelch- und Kronblättern sorgfältig studieren, entdecken Sie bald, dass jedes Kronblatt nicht vor dem Kelchblatt sitzt, sondern vor den Kelchblatt-‹Schlitzen›, so dass Petalen und Sepalen alternieren. Dieser *wechselweisen Stellung*, dieser *Alternanz* begegnet man bei vielen Blüten, die *gleichviel* Kronblätter wie Kelchblätter haben.

Nun bleiben noch die Staubblätter übrig, die zu besprechen sind. Sie zählen bei der Levkoje sechs, genau gleichviel wie bei der Lilie. Aber Sie bemerken sofort, dass sie nicht gleichartig sind. Zwei, die sich gegenüber stehen, sind deutlich kürzer, als die vier andern, die zu zweien zwischen den kurzen wachsen. Allein, ich will Sie nicht langweilen mit zuviel Einzelheiten über Struktur und Stellung der Staubblätter. Eines aber muss ich noch sagen: Wollen Sie nicht versuchen selber herauszufinden, weshalb die beiden Staubblätter kürzer als die andern sind, und weshalb zwei Kelchblätter einen größeren ‹Buckel› haben, oder, um einen botanischen Fachausdruck zu gebrauchen, weshalb zwei *gesackt* sind, die beiden andern aber flacher?

Um die Levkojen-Geschichte zum guten Ende zu führen, wollen wir noch den Fruchtknoten zerlegen. Warten wir damit zu, bis die Kronblätter abfallen, was recht bald geschieht. Jetzt bemerken Sie, was aus dem *Stempel* (wie zuvor schon gesagt, besteht er aus Fruchtknoten, Griffel und Narbe) geworden ist. Beim Reifen hat er sich verlängert und verbreitert. Die Frucht wird meist länglich und flach; die Fachleute

BRUNNENKRESSE
Obere Blätter mit 5–9 Fiedern, eiförmig
4 weiße Kronblätter
Honigdrüse am Grunde der kurzen Staubblätter

1

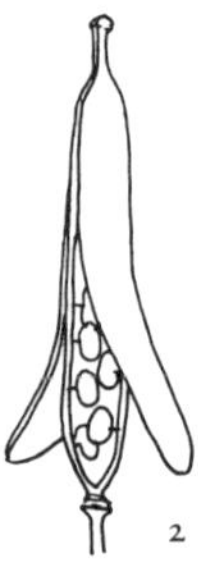

2

3

Schoten länger als breit:
Barbarakraut (1)
Brunnenkresse (2)
Zahnwurz (3)

Schötchen breiter als lang:
Acker-Täschelkraut (4)
Brillenschötchen (5)
Hirtentäschchen (6)
Mondviole (7)

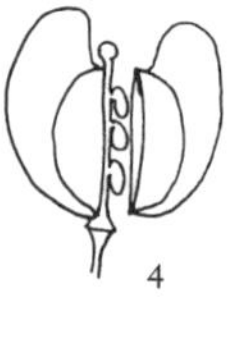

4

5

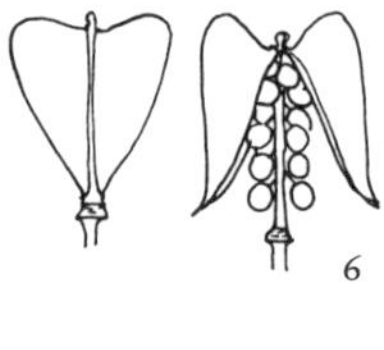

6

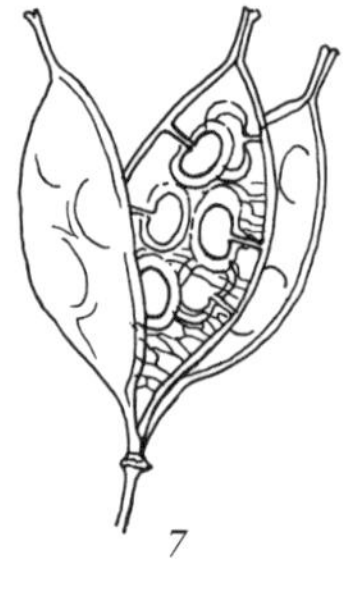

7

sagen zu ihr *Schote*. Sie besteht aus zwei Klappen, die durch eine sehr dünne *Scheidewand* getrennt sind. Sind die Samen vollreif, öffnen sich die Klappen von unten nach oben, wo der nicht abgefallene Griffel die beiden Klappen gewissermaßen verriegelt. Flache, kreisförmige Samen sieht man nun auf beiden Seiten der Scheidewand. Wo und wie sie angewachsen sind, kann man gut erkennen: Sie hängen an einem kurzen Stielchen alternierend rechts und links an der Naht der Scheidewand.

Wie befürchte ich, liebe Freundin, Sie mit meiner langwierigen Beschreibung ermüdet zu haben! Es war aber nötig, Ihnen die Merkmale der zahlreichen Familie der *Kreuzblütler* oder *Cruciferen* vor Augen zu führen. Bei fast allen botanischen Systemen sind sie eine selbständige Klasse. Es ist beschwerlich, diesen meinen Ausführungen ohne Abbildungen zu folgen, ich kann es mir sehr gut vorstellen. Es wird am besten sein, wenn Sie nochmals einen Kreuzblütler, sei es Levkoje oder Senf, zur Hand nehmen und meine Erläuterungen wieder durchlesen.

Der Artenreichtum der Cruciferen hat die Botaniker bewogen, sie in zwei Teile zu gliedern. Zwar haben die Blüten große Ähnlichkeit. Aber die Form der Früchte ist vielgestaltig.

Der erste Teilbereich umfasst die Kreuzblütler mit einer *Schote* als Frucht, z.B. Levkoje, Nachtviole, Brunnenkresse, Weißkohl, Kohlrabe, Senf usw.

Der zweite umfasst jene mit einem *Schötchen*. Es ist meistens kleiner, sehr kurz, *beinahe ebenso breit wie lang*, und das Innere ist anders eingeteilt. Als Beispiele zähle ich auf: die Gartenkresse oder das ‹Nasenrümpfer›-Kraut, das Täschelkraut; auch der Silberling, der König der Trockenblumensträuße, gehört dazu, obschon seine Frucht groß ist, so ist sie dennoch ein Schötchen, weil es gleichlang wie breit ist. Sind Ihnen aber diese drei Kreuzblütler unbekannt, dann kennen Sie sicher das Hirtentäschchen (Capsella bursapastoris), es wächst an Wegrändern und auch im Garten. Nun, meine Liebe, das Hirtentäschchen ist ein Kreuzblütler mit Schötchen, ein dreieckiges Schötchen. Es wird helfen, sich von den andern ein Bild zu machen, bis Ihnen diese unter die Augen kommen.

Jetzt aber, erholen Sie sich, schöpfen Sie Atem! Es ist höchste Zeit, ich weiß. Umsomehr, als ich noch nicht alles über die Kreuzblütler gesagt habe. Sie werden also, so hoffe ich, noch andere Briefe erhalten, und zwar bevor der Frühling es Ihnen ermöglicht, das Gelernte praktisch anzuwenden.

Vielleicht ist es gut, Ihnen schon jetzt zu sagen, dass die Cruciferen, sowie viele andere Familien auch, oft viel kleinere Blüten haben, als dies beim Goldlack der Fall ist. Ja, manchmal sind sie so winzig, dass die einzelnen Teile nur mit Hilfe einer *Lupe* untersucht werden können. Übrigens ein Instrument, das kein Botaniker entbehren kann; auch muss er eine *Pinzette*, eine lange *Stecknadel* und ein *Lanzettmesser* haben sowie eine gute kleine *Schere*.

In Gedanken sehe ich Sie vor mir – (wie weit hat Sie doch Ihr mütterlicher Eifer gebracht!) – wirklich ein reizvolles Bild: Meine charmante Freundin zerpflückt einen Armvoll Blumen, die hundertmal weniger blühend, weniger frisch und weniger nett sind als sie! Schönen Tag, Liebe, und bis zum nächsten Mal.

DRITTER BRIEF

16. 5. 1772

Ich nehme an, liebe Freundin, dass Sie meinen vorletzten Brief richtig erhalten haben, obschon Sie ihn in Ihrer Antwort nicht erwähnen. Auch hoffe ich, dass sich unterdessen Ihre Frau Mama wieder erholt hat und gesund und wohlauf in die Schweiz reisen konnte. Auf alle Fälle zähle ich auf Ihren baldigen Bericht, und vergessen Sie bitte nicht, mir von der Wirkung dieser Kur zu erzählen und auch von welcher Heilquelle sie getrunken hat. Da Tante Julia sie begleiten musste, habe ich Herrn G. beauftragt – er kehrt demnächst ins Val de Travers zurück – das kleine Herbar mitzunehmen, welches für Ihre Schwester bestimmt ist. Jedoch habe ich es mit Ihrer Adresse versehen, damit Sie es während ihrer Abwesenheit in Empfang nehmen können; vielleicht dient es Ihnen sogar, falls Sie überhaupt unter diesen formlosen Exemplaren etwas finden, das zu gebrauchen ist. Aber, das muss ich betonen, Sie haben kein Anrecht auf dieses ‹Heu›! Über denjenigen, der es zusammengestellt hat, können Sie jederzeit verfügen, nicht aber über das Herbar, das Ihrer Schwester versprochen worden ist, als sie mit mir damals auf unsern Spaziergängen zum Croix de Vaques Pflanzen gesammelt hat. Ihnen wäre es nicht im Traum eingefallen, mir dabei zu helfen, während ich getreulich Ihren Spuren folgte, Ihnen verbunden mit ganzem Herzen. Noch heute werde ich schamrot, wenn ich daran denke, wie spät und wie schlecht ich mein Ihrer Schwester gegebenes Versprechen einlöse; sie hat, was das Herbar betrifft, den Vorrang und mein Wort. Sie aber, liebe Freundin, Sie bekommen keines aus meiner Hand, dafür aber ein umso wertvolleres, nämlich jenes Ihrer Tochter. Zwar nur, wenn Sie mit den reizvollsten aller Studien weiterfahren, die Einblicke verschaffen in das interessante Reich der Natur und zugleich Stunden der Langeweile vertreiben, währenddem die meisten andern sie dem Müßiggang oder noch Schlimmerem widmen.

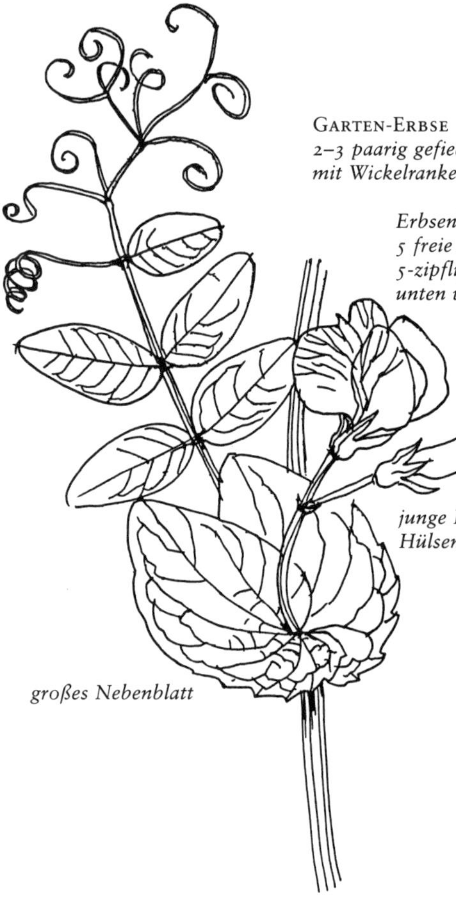

BESENGINSTER
Schmetterlingsblüte (Längsschnitt)

BESENGINSTER
Hülsenfrucht

SCHMETTERLINGSBLÜTLER / *HÜLSENFRUCHTGEWÄCHSE*

Wurzeln: oft mit Bakterienknöllchen; Laubblätter: fast stets gefiedert; Blüten: Kelch und Krone vorhanden; Kelch 5-zählig, meist verwachsen/geschlitzt; Krone 5-zählig (‹Fahne›, ‹Flügel›, ‹Schiffchen›); Staubblätter meist 10, oberstes frei, 9 verwachsen; oberständiger mehrsamiger Fruchtknoten mit 1 Griffel und 1 Narbe; Frucht: Hülse, zwei getrennte Klappen, meist an der Bauchnaht aufspringend, formenreich.

Wir nehmen also den unterbrochenen Faden wieder auf und kehren zu unsern Pflanzenfamilien zurück.

Ich beabsichtige, Ihnen zuerst sechs verschiedene Familien zu beschreiben; dadurch werden Ihnen auch die einzelnen Teile der Pflanzengestalt vertrauter. Zwei kennen Sie nun schon, die Liliengewächse und die Kreuzblütler. Nun bleiben noch vier übrig. Nachher werde ich versuchen, die verschiedenen Stadien der Fruchtentwicklung darzustellen, ohne auf die zahlreichen andern Familien einzugehen. Auf diese Weise, denke ich mir, werden Sie sich im Reich der Pflanzen immer einigermaßen zurechtfinden, obschon Sie noch nicht viele einzelne Pflanzen kennen. Darf ich, Liebe, um Ihre Geduld bitten?

Vorerst möchte ich Sie noch davor warnen, jetzt schon in Fachbüchern mit der gebräuchlichen Terminologie nachzulesen. Es ist so: Viele neue Namen wirken nur verwirrend und weder meine Beschreibungen, noch die der andern würden Ihnen von Nutzen sein. Zuguterletzt hätten Sie nur einen Haufen neuer aber leerer Wörter im Kopf, und davor, liebe Freundin, möchte ich Sie bewahren. Ich bin eifersüchtig darauf bedacht, Ihr einziger Lehrer auf diesen Exkursionen zu sein. Wenn es Zeit ist, werde ich Ihnen die nötigen Literaturhinweise geben. Bis dahin, lesen Sie geduldig nur im Buch der Natur und stützen Sie sich auf meine Briefe.

Im Garten sind jetzt die Erbsen in voller Entfaltung, ein guter Zeitpunkt sie zu untersuchen. Sie haben eine ganz besondere Stellung unter unsern einheimischen Pflanzenarten.

Im allgemeinen lassen sich die Blüten in *regelmäßige* und *unregelmäßige* einteilen. Aus der Mitte entfalten sich die Regelmäßigen. Krone und Kelch bilden einen Kreis; unser Auge kann weder ein Oben noch ein Unten, weder eine Rechte noch eine Linke unterscheiden. Sie merken, die vorher besprochenen Familien gehören dazu. Die Erbsenblüte, Sie sehen es auf den ersten Blick, ist unregelmäßig; hält man sie in natürlicher Lage in der Hand, ist der größte Bestandteil oben, der schmalste unten. Bei jeder unregelmäßigen Blüte spricht man von einem obern und einem untern Teil. Damit Sie die verschiedenen besondern

Blütenbestandteile richtig beobachten können, ist es notwendig, mehrere Erbsenblüten zu zerlegen; wir nehmen die Veränderungen am besten wahr, wenn Blüten vom Aufblühen bis zum Verwelken untersucht werden. Betrachten wir als erstes den Kelch: er ist *verwachsen*, d.h. er ist aus einem Stück und hat fünf deutliche Spitzchen. Zwei davon sind länger und breiter als die drei übrigen, die kürzer und schmaler sind. Gegen unten zu krümmt er sich, ebenso wie der *Blütenstiel*, der so dünn und beweglich ist, dass die Blüte sich bei jeder leichten Brise wiegen kann. Wind und Regen kehrt sie den Rücken zu.

Haben Sie den Kelch untersucht, ziehen sie ihn so behutsam wie möglich weg, damit der Rest der Blüte unverletzt und heil bleibe. Die *unregelmäßigen Kronblätter* sehen Sie nun klar und deutlich vor sich.

Das erste Blatt, zum obern Teil gehörend, ist groß und breit; man hat ihm den Namen *Fahne* gegeben. Ich frage Sie, wer ist so blind, um nicht zu sehen, dass dieses Kronblatt wie ein Regenschirm die andern vor Wind und Wetter schützt?

Wir entfernen nun die Fahne, sowie vorher den Kelch. Und jetzt sehen wir zwei reizende kleine ‹Ohrenschoner›, die die Fahne schützen; diese ‹Ohrenschoner› heißen bei den Botanikern *Flügel*. Versuchen wir sie wegzuziehen, stellen wir sofort fest, dass sie gut an den restlichen Teilen angewachsen sind. Die Flügel schützen die beiden Seiten der Blüte, die Fahne deckt das Ganze zu.

Nachdem wir nun auch noch die Flügel weggenommen haben, wird das letzte Stück der Blüte sichtbar, und zwar jenes, das die kostbare Mitte besonders von unten her einhüllt und schützt, genau so sorgsam wie die andern drei Kronblätter die obern und seitlichen Teile. Seiner Form wegen heißt das letzte Stück Schiffchen, ein Schatzkästchen der Natur; dort versteckt sie ihr Wertvollstes, sicher vor allen Gewitterstürmen.

Wenn Sie nun auch dieses Kronblatt gut angesehen haben, ziehen Sie es so sachte wie möglich weg, am besten mit einer Pinzette von unten her den Kiel anfassend, alles mit größter Vorsicht und ängstlich darauf bedacht, das Eingehüllte nicht zu verletzen. Gibt dieses letzte Kronblatt

Blasenstrauch
Blatt paarig gefiedert

Hülsenfrucht aufgeblasen

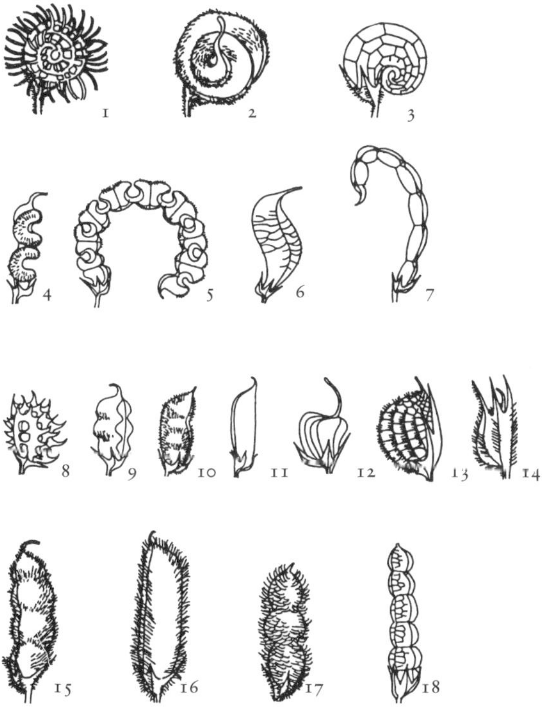

Formenreiche Früchte der Schmetterlingsblütler:

Zwerg-Schneckenklee (1)
Luzerne (2)
Hopfenklee (3)

Hufeisenklee (4)
Vielschotiger Hufeisenklee (5)
Südlicher Tragant (6)
Skorpion-Kronwicke (7)

Hahnenkamm-Spitzkiel (8)
Saat-Platterbse (9)
Rauhhaarige Wicke (10)
Wald-Wicke (11)
Gestreifter Klee (12)
Erdbeer-Klee (13)
Stein-Klee (14)

Schmalblättrige Lupine (15)
Besen-Ginster (16)
Schopfiger Süßklee (17)
Dunkler Süßklee (18)

sein sorgfältig gehütetes Geheimnis frei, werden Sie, meine Liebe, sich nicht enthalten können, vor freudiger Überraschung laut aufzujauchzen!

Die junge Frucht, vom Schiffchen eingehüllt, gliedert sich wie folgt: Eine zylindrische Röhre, gebildet aus den zehn Filamenten, umfasst den Fruchtknoten – also noch einen schützenden Panzer rund um den jungen Samen! Wenn Sie nun ganz genau hinsehen, bemerken Sie, dass die zehn Filamente oder Staubfäden nur scheinbar verwachsen sind. Im obern Teil löst sich nach und nach ein Staubblatt von den andern los, und zwar je mehr die Blüte sich voll entfaltet und der Fruchtknoten anschwillt; auf diese Weise wird der röhrenförmige Zylinder ausgeweitet, und die junge Frucht kann sich ungehindert entwickeln. Sicher möchten Sie dieses einzelne Staubblatt richtig sehen können. Nun, es ist am besten, wenn Sie eine voll entfaltete Erbsenblüte nehmen. Nahe beim Fruchtknoten bemerken Sie zwei kleinste Löchlein. Wenn Sie nun eine feine Nadel gerade durch diese Löchlein führen, werden Sie erstaunt feststellen, wie ein einzelner Staubfaden sich von den andern neun loslöst und der Nadel folgt. Die neun bleiben aneinander kleben, bis die Blüte verwelkt ist und abfällt. Die Befruchtung hat stattgefunden und die junge Frucht entwickelt sich zu einer Hülse.

Diese *Hülse*, deren Samen sich beim Reifen verändern, unterscheidet sich von der *Schote* der Kreuzblütler. Bei den letzteren sind die Samen abwechslungsweise an beiden Nähten angewachsen. Bei der Hülsenfrucht dagegen sind sie nur an *eine* angeheftet; demnach sitzen *alle Erbsen immer auf derselben Seite*, umgeben von den beiden Hülsenhälften.

Um das Ganze etwas anschaulicher zu machen, öffnen Sie doch, liebe Kusine, eine Erbsenhülse und eine Schote der Levkoje! Sie bemerken den Unterschied sofort. Aber achten Sie darauf, dass weder Hülse noch Schote voll ausgereift sind, da die Samen beim Öffnen sonst herausfallen würden. Sicher verstehen Sie nun, was für erstaunliche und vorsichtige Maßnahmen die Natur hier vorgekehrt hat, um den Embryo der Erbse zu schützen und zur Reife zu bringen. Weder Unwetter noch Feuchtigkeit können ihm etwas anhaben. Die Schale der Hülsenfrüchte ist nie hart; wäre dies der Fall, müssten sie einer andern Familie zugeordnet werden. Der erhabenste Meister, darauf bedacht, alle Wesen zu schützen, wie sorgfältig hat er Wege gesucht, um die Fortpflanzung zu sichern und alles Lebendige vor Schäden zu bewahren. Ja, man möchte sogar glauben, alle Pflanzen, die zur Ernährung der Menschen und der Tiere dienen, seien besonders gut ausgestattet worden, wie dies bei den meisten *Leguminosen* der Fall ist. Alle Hülsenfrüchte sind unserer Erbse sehr ähnlich.

Wie Sie schon wissen, nennt man diese Familie auch *Schmetterlingsblütler*, viele glauben in der Blüte einen Schmetterling zu erkennen. Sie besteht aus einer *Fahne*, *zwei Flügeln*, einem Schiffchen, also aus vier ungleich großen Blumenkronblättern. Man kennt aber Arten, bei denen sich das Schiffchen in zwei teilt (es ist jeweils nur noch am Kiel verwachsen), dann zählt man fünf Kronblätter. Bei andern wiederum sind alle Blütenteile verwachsen, wie z.B. beim Wiesenklee. Das hat aber keinen Einfluss auf die Familienzugehörigkeit.

Zu den Leguminosen oder Schmetterlingsblütlern, einer unserer artenreichsten Familien, gehören Bohnen, Ginster, Luzerne, Esparsette, Linse, Saubohne, Wicke, Platterbse usw., deren Schiffchen sich spiralförmig dreht, was zuerst reiner Zufall zu sein scheint. Unter den Leguminosen gibt es auch richtige Bäume, so z.B. jenen, den man gewöhnlich Akazie nennt (der aber keine echte Akazie ist, sondern eine Robinie), dann den Indigobaum, das Süßholz oder Lakritze, und so weiter. Genug für heute, wir werden dies noch in allen Einzelheiten besprechen. – Wie oft suchen meine Gedanken Ihre mir so teure Gesellschaft auf, wie oft, auf meinen einsamen Spaziergängen, begleitet mich meine Freundin in diese meine ideale Welt, die ich nach meines Herzens Lust bevölkere! Ich gebe zu, Tante Julia ist hin und wieder auch mit dabei und ohne zu stören. Auf bald, liebe Kusine, leben Sie wohl. Wie gerne erfülle ich Ihre Wünsche. Ich küsse alles, was Sie lieben!

Klebrige Salbei
Ganze Pflanze drüsig behaart; Blüte gelb, großer gewölbter Helm; Unterlippe lang Stengel vierkantig

Bunter Hohlzahn
Blatt gekerbt-gesägt; Kelch lang, spitz; Blüte gelb Mittellappen violett; Stengel vierkantig, stark behaart; im bleibenden Kelch 4 Nüsschen (Klausen) sichtbar

LIPPENBLÜTLER

Meist aromatisch duftend; Stengel fast immer 4-kantig; Laubblätter; gegenständig; Blüten aus Kelch und Krone bestehend; Kelch verwachsen, bleibend; Krone verwachsen, oben oft ‹Helm› bildend, unten meist zweilippig; 4 Staubblätter, 2 oft kürzer; Fruchtknoten oberständig, frei, 4 einsamige ‹Klausen›, dazwischen 1 Griffel. Frucht: in 4 Nüsschen zerfallend.

VIERTER BRIEF

19. Juni 1772

Sie haben mich, liebe Freundin, der Sorge enthoben und doch bleibt ein Restchen Unruhe wegen diesen erneuten Magenschmerzen, diesem ‹Weh des Herzens›, von Ihrer Frau Mama, jetzt, wo sie doch in den Bergen weilt. Könnte es ein Überfluss an Galle sein? Dann werden Kur und Quelle alles heilen. Aber ich befürchte sehr, dass diese Symptome ernsterer Natur sind. Es wird also nötig sein, dass sie ihre Kräfte schont, auch nach der Genesung. Sobald Sie Neues darüber wissen, erwarte ich Ihren Bericht. Auch ist mir sehr daran gelegen, dass mir Mama erst dann schreibt, wenn sie sich wieder ganz wohl fühlt.

Weshalb Sie mein Herbar nicht erhalten haben, das kann ich überhaupt nicht begreifen. Davon überzeugt, dass Tante Julia schon abgereist sei, habe ich das Paket Herrn G. mitgegeben, der es Ihnen ab Dijon hätte zuschicken sollen. Bis jetzt habe ich noch von keiner Seite erfahren, es sei angekommen, weder von Ihnen noch von Ihrer Schwester. Wo es wohl geblieben ist? – ich kann es mir nicht vorstellen.

Doch reden wir lieber von unsern jetzt in voller Blüte stehenden Pflanzen, solange die Jahreszeit uns noch dazu einlädt. Sie haben meine Staubblätter-Frage absolut richtig beantwortet, ein Beweis, dass Sie mich verstehen, oder besser, dass Sie zu lesen verstehen. Ja, es stimmt: der Kelch der Levkoje hat zwei große, gut entwickelte Blättchen und zwei der sechs Staubblätter sind kürzer und gekrümmt. Hätten Sie noch einen Schritt weiter gewagt, hätten Sie ganz allein herausgefunden, weshalb diese beiden Staubblätter krumm und kürzer sind! Eine kleine Drüse, die verwachsen mit dem Blütenboden ist, liegt nämlich zwischen Staubblatt und Fruchtknoten. Sie zwingt die beiden Staubfäden sich zu krümmen, was sie auch kürzer erscheinen lässt. Zwischen dem Kelch findet man noch zwei andere Drüsen, die am Grunde eines großen Staubblattpaares sitzen, die sich nicht krümmen, also keinen Umweg machen müssen. Diese vier Drüsen, oder wenigstens Spuren davon, kann man bei den meisten Cruciferen sehen, mehr oder minder ausgebildet als bei der Levkoje. Und nun fragen Sie mich: Wozu diese Drüsen? Und ich antworte Ihnen: Die Natur hat hier eine Vorrichtung geschaffen, wo das Pflanzen- und das Tierreich sich berühren, damit das eine in das andere übergreife. Aber, lassen wir diese verfrühten Untersuchungen noch beiseite, und kehren wir zu unsern Familien zurück.

Alle Blüten, die ich Ihnen bis jetzt beschrieben habe, sind freikronblättrig. Vielleicht hätte ich mit jenen beginnen sollen, die eine verwachsene Krone haben, da diese sehr viel einfacher ist. Doch hat mich gerade diese Einfachheit davon abgehalten.

Die *Verwachsen-Kronblättrigen*, die Regelmäßigen, die Strahlenförmigen sind nicht nur eine Familie, sondern sie bilden schon eher so etwas wie eine Völker-Gemeinschaft, sogar eine sehr große, die mehrere Familien umfasst mit sehr deutlichen Unterscheidungsmerkmalen. Will man einen gemeinsamen Nenner für diese Gemeinschaft finden, kann man nur höchst vage, verallgemeinernde Charaktereigenschaften anführen. Es scheint, als ob etwas ausgesagt wäre, obschon alles Wesentliche übergangen wird. Viel besser ist es, sich enge Grenzen zu stecken, die exakter festgelegt werden können.

Unter den Verwachsen-Kronblättrigen gibt es auch solche, deren Blüten unregelmäßig sind, eine große Sippe mit ausgeprägten Blumengesichtern; man hat ihnen den Namen ‹Blüten mit Lippen› gegeben, weil der untere Teil gespalten ist und an zwei Lippen erinnert. Unter dieser Sippe gibt es noch eine zweite Linie, nämlich jene Blüten, die eher einem weitaufgesperrten Rachen gleichen, besonders dann, wenn man mit dem einen Finger einen leichten Druck ausübt. Deshalb hat man diese Sippe in zwei Familien eingeteilt, die eine heißt *Lippen-Blütler*, die andere *Masken-* oder *Rachenblütler* (Maske = lat. persona – ein sehr passender Name für die meisten Leute, die unter uns als wichtige Personen gelten ...!)

Und hier die gemeinsamen Merkmale: *verwachsenblättrige Blütenkrone*, wie schon gesagt, *zwei gespaltene Lippen* oder, wenn Sie ‹Maul-

Sumpf-Helmkraut
Blüte: Oberlippe 3-spaltig,
Mittellippe helmförmig
Unterlippe ungeteilt

Zitronen-Melisse
Blüten einseitswendig in
Scheinquirlen
Kelch röhrig behaart
Kronröhre nach oben
erweitert
Oberlippe aufrecht
Unterlippe ausgebreitet

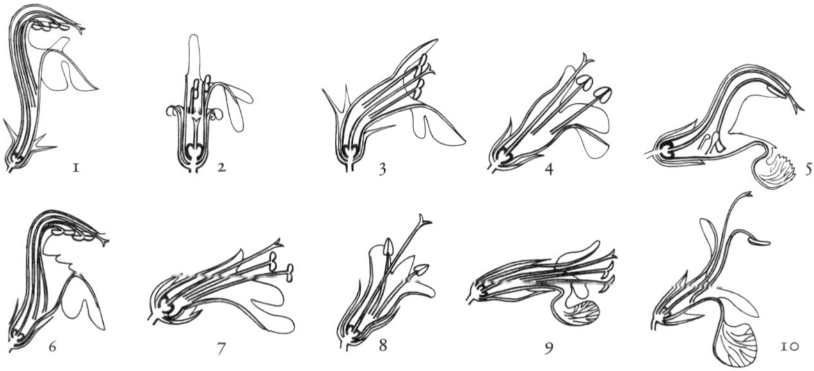

Bunter Hohlzahn (1)
Weißer Andorn (2)
Gewöhnlicher Ziest (3)
Wilder Dost (4)
Wiesen-Salbei (5)
Goldnessel (6)
Kriechender Günsel (7)
Wasser-Minze (8)
Ysop (9)
Rosmarin (10)

Klappen› vorziehen, der obere Teil gleicht oft einem *Helm*, der untere Teil einer *Zunge*. Nun, das Erstaunliche ist wohl, dass *alle vier Staubblätter haben, die paarweise auf gleicher Höhe stehen, das eine Paar etwas länger als das andere*. Ich rate Ihnen, dies alles am Objekt selbst nachzuprüfen, was besser als meine Beschreibungen ist.

Beginnen wir zuerst mit den *Lippenblütlern* oder *Labiaten*. Als Beispiel möchte ich am liebsten die Salbei wählen, weil sie in allen Gärten heimisch ist. Aber die ganz besondere, ja eigentümliche Stellung der Staubblätter hat einige Botaniker dazu veranlasst, die Salbei von den Labiaten zu streichen, obschon die Natur selbst, wie mir scheint, mit gutem Grund, sie dazu zählt. Ich wähle deshalb eine von den tauben ‹Nesseln›, und zwar diejenige, die landläufig als weiße Taubnessel bezeichnet wird. Der botanische Name heißt Lamium album, weil sie pflanzenbiologisch nichts mit einer Nessel (Urtica) gemeinsam hat, nur die Form der Blätter ist ähnlich. Nun, die weiße Taubnessel kommt überall häufig vor, blüht recht lange und ist nicht schwer zu finden. Gerne möchte ich bei der eleganten Blütenstellung verweilen, bescheide mich aber damit, den Aufbau zu beschreiben. Die Blüte der weißen Taubnessel ist *verwachsen*, der Helm *konkav*; wie ein Gewölbe bedeckt er den restlichen Teil der Kronblätter. Unter diesem Dach befinden sich die eng zusammengedrängten vier Staubblätter. Mit Leichtigkeit werden Sie das längere und das kürzere Paar unterscheiden. In deren Mitte liegt der *Stempel*, der vorne an der Spitze *gegabelt* ist. Er hat also keine Theken wie die Staubgefäße. Die Zunge oder die Lippe biegt sich nach unten, so dass man auf diese Weise ins Blüteninnere sehen kann. Bei allen Taubnessel-Arten ist die Lippe geschlitzt, was nicht bei allen Gattungen dieser Familie der Fall ist.

Wenn Sie die Krone wegreissen, kommen gleichzeitig auch die Staubblätter mit (– sie sind mit der Krone verwachsen und nicht mit dem Blütenboden –), der Stempel allein bleibt hingegen dort hängen, wo er angewachsen ist, nämlich am *Rezeptakel*. Erlauben Sie mir eine allgemeine Bemerkung zur Stellung der Staubblätter: *Ist die Blütenkrone verwachsen, bleiben die Staubblätter an ihr haften; ist die Blüte frei-*

Vielsamige Kapselfrucht
Kelch und langer Griffel
bleibend

Grossblütiger oder
Blassgelber Fingerhut
Krone weit glockenförmig, rohrig verwachsen

RACHEN- / MASKENBLÜTLER ODER BRAUNWURZGEWÄCHSE

Laubblätter: meist gegenständig; Blüte: Kelch und Krone vorhanden, meist seitenständig; Kelch oft 5-zähnig; Krone verwachsen mit 2 obern Zipfeln und 3 untern Zipfeln; Fruchtknoten oberständig, meist 2-fächerig; Staubblätter meist 2 (4) , selten 5, 1 Griffel. Frucht: meist vielsamige Kapsel.

kronblättrig, haften sie am Kelch oder am Blütenboden. Diese Beobachtung hilft recht viel beim Bestimmen, ja, es ist sogar möglich, eine Regel davon abzuleiten, die nicht schwierig zu merken und ziemlich sicher ist. Manchmal ist es ja gar nicht leicht zu beurteilen, ob die Krone aus einem oder mehreren Teilen besteht. Nie darf man es unterlassen und muss sich sofort vergewissern. Die Blütenkrone zeigt nun ein rundes kleines Loch, weil sie mit dem Blütenboden verwachsen war und dem Stempel und was ihn umgibt, ermöglichte, in die Blütenkrone einzudringen. Sie fragen zu Recht: Was umgibt den Stempel? Nun, die Gattung Lamium, ja man kann sagen alle Lippenblütler oder Labiatae haben rings um den Stempel *vier Fruchtknoten, die sich später in vier nackte, hüllenlose Samen umwandeln. Wenn sie reif sind, fallen sie, so wie sie sind, auf die Erde.*

Die andere Linie der Sippe, die ‹Blüten mit einer Maske› (Rachenblütler oder Scrophularicae), unterscheiden sich von den Labiatae durch eine andere Krone: Die Zunge ist nicht geschlitzt, sondern verwachsen, also aus einem Stück. Das können Sie gut beim *Löwenmäulchen* in Ihrem Garten sehen, oder falls es nicht vorhanden ist, beim *gewöhnlichen Leinkraut*, Sie wissen, dieses gelbe Blümchen mit dem Sporn, das zu dieser Jahreszeit häufig an trockenen Wegrändern vorkommt. Aber ich verrate Ihnen ein noch sichereres, ein noch exakteres Merkmal: Die Maskenblütler haben am Kelchgrund, rund um den Stempel, nicht vier nackte Samen, s*ondern sie alle haben eine Kapsel, die die Samen einschliesst: Erst bei der Reife öffnet sich die Kapsel und gibt den Samen den Weg frei, um auf die Erde zu fallen.*

Beifügen möchte ich noch etwas, nämlich, dass es bei den *Lippenblütlern* viele *wohlriechende, aromatische Gewürzkräuter* gibt wie *Thymian, Majoran, Quendel, Origano, Basilikum, Minze, Isop, Lavendel* usw. usw. Andere riechen unangenehm oder stinken sogar, z.B. der Ziest, Andorn und das Gliedkraut. Nur einige sind ohne Duft, und zwar der Günsel, die Brunelle und das Helmkraut. – Die Maskenblütler oder Rachenblütler hingegen sind meistens *geruchlos* wie das *Löwenmaul, Leinkraut, Augentrost, Zimbelkraut, Wachtelweizen, Läuse-*

Hunds-Braunwurz
Kelch 5-spaltig
Krone fast kugelig, schief
Kapselfrucht

Zimbelkraut
Krone hellviolett, im
‹Rachen› 2 gelbe Flecken

Gewöhliches Leinkraut
Blüte lang, hellgelb
safrangelber ‹Rachen›,
‹Maul›eingang behaart
Sporn lang, gerade

Farnblättriges
Läusekraut
Kelch bauchig, behaart
Blüten kopfig, rot
Schnabel verlängert

Ähriger Ehrenpreis
Blüten dicht, abgegrenzt
von den Laubblättern,
Krone blau

Felsen-Ehrenpreis
4-zählige Krone, verwachsen, blau
2 Staubblätter auffällig
weiß; Blütenlängsschnitt

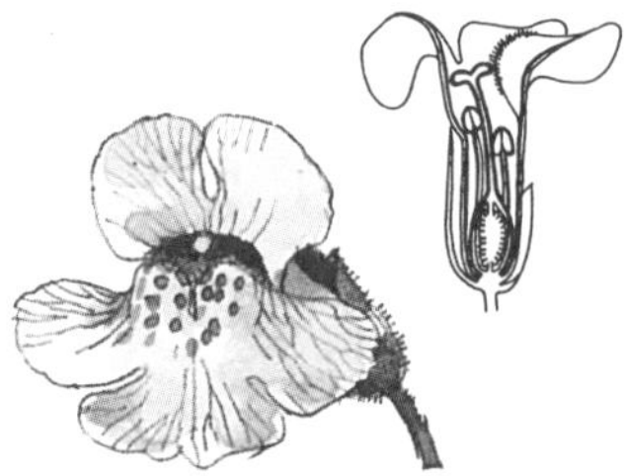

Gauklerblume
Krone mit geflecktem
‹Rachen›, maskenähnlich;
Blütenlängsschnitt

kraut, Fingerhut usw. Nur eine Art aus dieser Familie kenne ich, die riecht und stinkt: Es ist die *knotige Braunwurz*.

Ich vermute, dass ich nur Pflanzenarten aufgezählt habe, die Ihnen unbekannt sind. Aber mit der Zeit, nach und nach werden Sie sie kennenlernen; vor allem werden Sie, und das ist das Wichtigste und Wesentlichste, sagen können, wenn Ihnen eine unbekannte Art begegnet, in welcher Familie sie eingeordnet wird. Ich möchte gerne, dass Sie versuchen Verwandtschaft und Zugehörigkeit an der Gestalt (am Habitus, wie die Botaniker sagen) zu erkennen. Dass Ihr Auge so geübt ist, um auf den ersten Blick zu erkennen, ob die Blüte zu einem Lippen- oder Maskenblütler gehört. Die Form der Blumenkrone ist entscheidend. Ob sie richtig entschieden haben, können Sie sofort kontrollieren, indem die Blütenkrone weggenommen und der Kelchgrund untersucht wird. Haben Sie die Blüte den Labiatae zugeteilt und Sie zählen *vier hüllenlose Samen*, dann war Ihr Entscheid richtig; wenn Sie aber nur *einen Fruchtknoten* hat, gehört sie zu den Maskenblütlern. Dann hätten Sie sich also geirrt. Untersuchen Sie die gleiche Pflanze ein zweites Mal, dann werden Sie nie mehr diesen Fehler machen.

Nun, liebe Freundin, haben Sie nicht Stoff genug für mehrere und lange Spaziergänge? Ich werde nicht versäumen, Sie für die kommenden vorzubereiten. Und denken Sie daran, ein Wort von Ihnen wird mich beruhigen. Aber dieses eine Wort habe ich nötig. Leben Sie wohl, Liebe.

Dolde erst flach, später zusammenziehend (Vogelnest); Blüten weiß, nur mittlere Blüten dunkelpurpurn, unfruchtbar

Hüllblätter lang zugespitzt Hüllchenblätter fein bewimpert

Möhre, Karotte, Mohrrübe

Blatt fiederteilig Blattscheide stengelumfassend

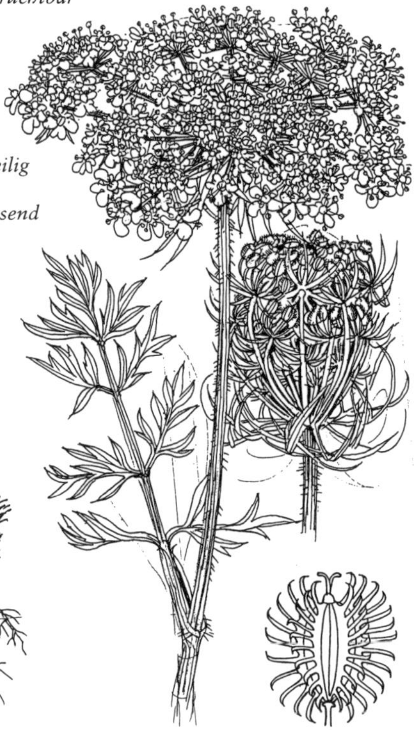

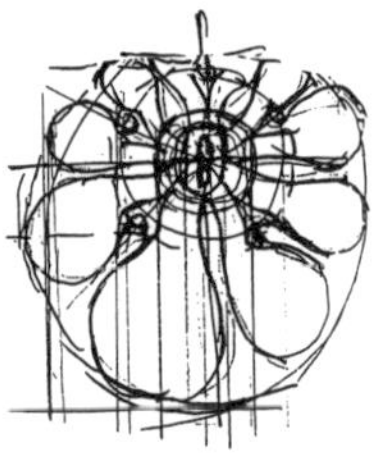

Stengel steif behaart, Pfahlwurzel verdickt (‹Rübe›)

Teilfrucht, borstig mit pfriemlichen Stacheln

Mittlere unfruchtbare Blüte (stark vergrößert)

DOLDENBLÜTLER ODER SCHIRMPFLANZEN

Wurzeln: oft verdickt (Sellerie, Karotte); Laubblätter: meist gefiedert, wechselständig, am Grunde oft verbreiteter Blattstiel, den Stengel scheidig umfassend (Fenchel). Ölgänge! Blütenstand: zusammengesetzt, sogenannte ‹Dolden› und ‹Döldchen›; die Stiele oder Stielchen heißen ‹Strahlen› oder ‹Strählchen›, umgeben von Blättchen, sogenannte ‹Hülle› bzw. ‹Hüllchen›. Blüte: klein, Kelch und Krone meist vorhanden; Kelch 5-zählig; Blütenkronblätter frei, 5-zählig; 5 Staubblätter; 1 unterständiger Fruchknoten; 2 sitzende Griffel auf scheibenförmiger Nektardrüse, Narbe sternförmig; Frucht: zweiteilig, verbunden mit gegabelter Halterung, formenreich.

FÜNFTER BRIEF

16. Juli 1772

Ich danke Ihnen, liebe Freundin, für die guten Nachrichten von Ihrer Frau Mama. Ich habe auf die gute Wirkung der Bergluft gehofft, nicht minder auf jene der Heilquelle, vor allem aber auf die besonders strenge Diät, die während eines solchen Aufenthaltes vorgeschrieben wird. Wie bin ich gerührt, dass sie meiner gedenkt, und ich bitte Sie, ihr meinen Dank zu sagen. Aber ich verbiete ihr, mir während ihrer Schweizer Kur auch nur eine Zeile zu schreiben; wenn sie mir direkte Nachrichten geben möchte, dann hat sie ja in Tante Julia eine gute Sekretärin, die so etwas mit Glanz erledigen wird. Eigentlich bin ich mehr erfreut als überrascht, dass Ihre Schwester in der Schweiz große Erfolge hat. Abgesehen von den Reizen ihres Alters, ihrem lebhaften und liebeswürdigen Frohmut hat Tante Julia, genau wie Sie, liebe Kusine, einen wunderbar ausgeglichenen und sanften Charakter. Falls sich Ihre Schwester wirklich in der Schweiz niederlassen würde, würde sie eine große Lücke hinterlassen; Sie und Frau Mama würden sie schmerzlich vermissen. Ich frage mich, wie würde Ihre Mutter diese neue Trennung ertragen? Sie hat doch schon sehr darunter gelitten, als Sie sich vermählt haben, obschon Sie ganz in der Nähe wohnen. Ich sehe schon, wiederum werden Sie hilfreich einspringen und den Kummer überbrücken helfen. Ach, Sie ersparen ihr viel und werden wieder mit Ihren sanften Händen den herben Charakter glätten – ich zweifle nicht daran. Meine Freundin, wie glücklich ist doch Ihre Frau Mama!

Wissen Sie, nein, Sie können es kaum erraten, aber ich bin wirklich beunruhigt wegen des kleinen Herbars! Von keiner Seite habe ich etwas darüber gehört, wohl habe ich Nachrichten über Herrn G. durch seine Frau erhalten, mein Herbar wurde aber mit keinem Wort erwähnt. Nun habe ich ihm geschrieben und erwarte seinen Bericht. Eines befürchte ich – da er ja über Lyon gereist ist –, er habe das Paket einem Irgendwer übergeben und dass dieser, nichtsahnend, dem Inhalt keinen Wert beimaß und die getrockneten Kräuter als ganz gewöhnliches Heu taxierte. Trotzdem will ich die Hoffnung nicht aufgeben und daran glauben, dass Sie oder Ihre Schwester es doch noch erhalten werden. Dann werden Sie sehen, wie sorgfältig ich versucht habe es anzulegen. Der Verlust wäre nicht groß, aber unersetzlich, da ich von den damals niedergeschriebenen Erklärungen kein Doppel besitze.

Trösten Sie sich, gute Freundin, nicht nur Sie haben die Drüsen bei den Kreuzblütlern nicht gesehen, sondern auch viele Botaniker von Ruf haben sie nicht bemerkt, obschon sie viel bessere Lupen haben. Selbst der große Tournefort hat nicht darauf verwiesen. Diese Drüsen sind nicht bei allen Kreuzblütler-Arten gut ausgebildet, obschon bei allen Spuren davon zu finden sind. Beim Zerlegen der Blüten fallen einem Unebenheiten auf dem Rezeptakel auf; das hat dazu geführt, dieselben besonders zu untersuchen. So hat man herausgefunden, dass die meisten Gattungen diese Drüsen ausbilden, so dass sie zu Recht bei allen Cruciferen vermutet werden, obwohl sie nicht überall sichtbar sind.

Ich verstehe Ihren Unmut gut. Soviel Zeit und Mühe für Pflanzen aufwenden, ohne den Artnamen zu kennen. Dennoch habe ich nicht die geringste Absicht, Ihnen diesen kleinen Kummer zu ersparen. Es wird immer behauptet, Botanik sei eine simple Wörter-Wissenschaft, gerade gut genug, um das Gedächtnis zu stärken, den Pflanzen Namen zu geben. Ich bitte Sie, wer ist ein echter Botaniker? Einer, der beim Anblick einer Blume viele Wörter ausspucken kann, ohne vom Aufbau, von der Gestalt und den Zusammenhängen etwas zu wissen? Oder einer, der Struktur und Habitus der Pflanze erklären kann, ohne aber den Artnamen zu kennen? – (Namen sind ja recht eigentlich sehr willkürlich und lauten erst noch von Land zu Land verschieden.) Wenn wir unsern Kindern nur eine vergnügliche Beschäftigung geben, verfehlen wir die bessere Hälfte unseres Ziels. Wir möchten sie ja auf unterhaltende Weise dazu führen, Intelligenz und Beobachtungsgabe zu schulen. Deshalb beginnen wir zuerst damit, sie *sehen zu lehren, bevor sie Pflanzennamen auswendig lernen! Dieses Sehen-Können ist in unsern Erzie-*

hungsmethoden in Vergessenheit geraten. Die Anschauung ist das Wichtigste. Immer wieder betone ich: Lehrt eure Kinder sich nicht mit leeren Worten zufrieden zu geben, sondern lehrt sie das erworbene Wissen selber zu überprüfen!

Den strengen und bösen Lehrer spielen will ich übrigens nicht; in diesem Brief gebe ich Ihnen doch noch einige Pflanzennamen preis! Am besten wird es sein, wenn Sie sich die genannten Pflanzen jeweils zeigen lassen. Auf diese Weise können Sie meine Beschreibung nachprüfen. Ich vermute nämlich, dass Sie keine weisse Taubnessel zur Hand hatten, als Sie meinen Brief über die Labiatae durchlasen. Lassen Sie sich doch beim Kräuterhändler, der gleich in Ihrer Nähe wohnt, eine frischgepflückte Taubnessel holen, lesen Sie nochmals meine Beschreibung der Blüte, überprüfen Sie die andern Pflanzenteile, genau so, wie ich es Ihnen nachstehend empfehle. Befolgen Sie diesen meinen Rat, dann werden Sie die weisse Taubnessel tausendmal besser kennen als der Kräutermann selbst, der sie wohl verkauft, aber noch nicht darüber Bescheid weiß. Bald werden Sie auf den Herboristen verzichten können; ich vermute, dies wird nicht mehr lange dauern! – Kehren wir zur Betrachtung unserer Pflanzenfamilien zurück; ich möchte eine fünfte beschreiben, die jetzt gerade in voller Blüte ist.

Stellen Sie sich jetzt eine Pflanze vor mit ziemlich langem Stengel, der wechselweise mit meistens kleinen *gefiederten* Blättern geschmückt ist und aus deren Achseln Zweige wachsen. Am äußersten Ende des Stengels *teilen sich wie aus der innersten Mitte eines Kreises mehrere Stielchen oder Strahlen, die sich regelmäßig und kugelförmig ausweiten, sowie die Stäbe eines mehr oder weniger geöffneten Sonnenschirms, der diesen Stengel krönt.* Es kommt vor, dass in der Mitte der Strahlen ein freier Raum übrig bleibt, der einer V-Vase gleicht; andererseits entspringen manchmal aus dieser Mitte kürzere Strahlen, die etwas weniger schräg gestellt sind; sie schmücken die Vase aus und formen zusammen mit den äußeren längeren Strahlen einen Halbkreis, dessen bauchiger Teil nach unten zeigt. *An jedem* Strahl oder an jedem Stiel befindet sich zu äußerst nicht eine Blüte, sondern noch ein zweiter Strahlenkreis,

Meisterwurz
10–15-strahlige große Dolde, keine Hülle, Hüllchen vorhanden

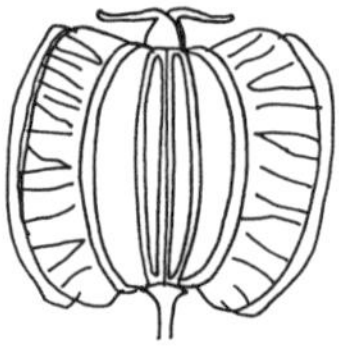

Teilfrucht fast kreisrund geflügelt, 2 Griffel bleibend

Blüte: 5 Kronblätter weiß, 5 Staubblätter, 2 Fruchtknoten verwachsen unterständig, 2 Griffel auf Polster sitzend

Blütenlängsschnitt

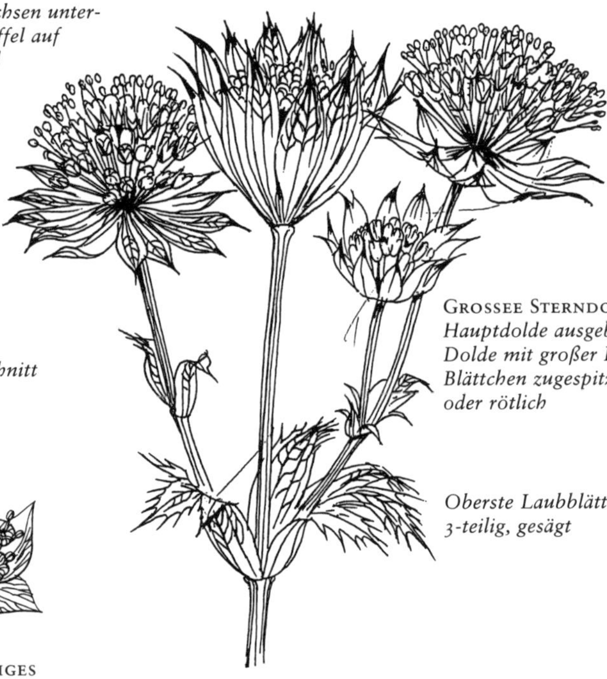

Grossee Sterndolde
Hauptdolde ausgebreitet Dolde mit großer Hülle Blättchen zugespitzt weiß oder rötlich

Oberste Laubblätter 3-teilig, gesägt

Rundblättriges Hasenohr
5 Hüllchenblätter die Blüten überragend

allerdings kleiner, so dass der Sonnenschirm mit noch kleineren Sonnenschirmchen gekrönt wird.

Also, was sehen Sie? Zwei gleiche aufeinanderfolgende Anordnungen: den großstrahligen Schirm am Ende des Stengels, ähnliche, kleinstrahlige Schirmchen an jedem Ende eines Strahls. Die kleinen ‹Sonnenschirmchen› teilen sich nicht mehr. An jedem Stielchen oder Strählchen befindet sich eine mehr oder weniger kleine Blüte. Gleich werden wir davon sprechen.

Wenn Sie sich die eben beschriebene Form und Anordnung der Blüten vorstellen, dann haben Sie die Familie der *Doldengewächse* oder der *Umbelliferen* vor Ihren Augen. (Das lateinische Wort umbella heißt Sonnenschirm).

Obschon dieser regelmäßige Blütenstand auffällig und ziemlich konstant ist, so ist er doch nicht ausschlaggebend beim Bestimmen. Wir kommen besser an das gewünschte Ziel, wenn der Blütenbau untersucht wird.

Aber, um klare Voraussetzungen zu schaffen, muss ich unbedingt von der Anordnung der verschiedenen Blüten- und Fruchtstände, von den allgemeinen Unterschieden sprechen. Liebe Freundin, Sie werden ohne weiteres einsehen, dass sichere Kenntnis dieser Unterscheidungsmerkmale Ihnen das methodische Einordnen der jeweiligen Pflanze spürbar erleichtert, und zwar bei jedem System, das Sie zukünftig auch wählen mögen.

Bei vielen Pflanzen, nehmen wir als Beispiel die Nelke, *hüllen Blütenkrone und Kelch den Fruchtknoten ein*; dieser befindet sich also oberhalb und wird aus diesem Grunde als *oberständig* bezeichnet. Bei zahlreichen anderen Pflanzen hingegen wird der Fruchtknoten nicht eingeschlossen, sondern er befindet sich *unterhalb des Kelchs*; dieser Fruchtknoten ist *unterständig*. Das können Sie sehr gut bei der Hagrose sehen. Die wohlbekannte Hagebutte, die Rosenfrucht, war vor der Reife jener grüne geschwollene Körper, der sozusagen von der Blüte gekrönt wurde. Unsere Hagrosen haben also einen unterständigen Fruchtknoten. Es kann sein, dass es Ihnen schwerfällt, solch wissenschaftliche Ausdrücke zu akzeptieren. *Es scheint mir aber wichtig, sich an diese gebräuchlichen botanischen Bezeichnungen zu halten, die fast alle aus dem Griechischen oder Lateinischen geformt worden sind.* Nehmen Sie das von der leichtern Seite, man kann – Gott sei Dank – Pflanzenkundiger werden ohne vorher linguistische Studien zu machen! Tournefort machte die gleiche Einteilung, hat aber andere Ausdrücke verwendet. Aber eben: verschiedene Köpfe, verschiedene Ausdrücke. So war's und so wird's bleiben. Immerhin eine gute Übung für unsere kleine Botanikerin: dieses Entwirren derselben Ideen, die aber unter andern Begriffen segeln.

Gehen wir zu unsern *Umbelliferen* zurück, die alle einen *unterständigen Fruchtknoten* haben, der, wie es sein soll, von der Blüte gekrönt wird. Diese hat fünf freie Kronblätter, die meistens regelmäßig sind. Allerdings kann es vorkommen, dass die zwei vom äußersten Doldenrand größer als die drei andern sind, meistens herzförmig mit äußerst dünnem Nagel; je nach Gattung ist der äußere Rand etwas eingebuchtet, oder auch zugespitzt. Manchmal bildet sich eine schmale Mittelfalte und man hat den Eindruck, das Kronblatt sei ausgerandet, obschon es eigentlich zugespitzt ist.

Zwischen jedem Kronblatt steht ein Staubblatt, dessen Beutel gewöhnlich die Blumenkrone überragen, so dass die fünf Staubblätter auffälliger als die Kronblätter sind. Den Kelch lasse ich beiseite, da er bei den Doldengewächsen nicht deutlich ausgebildet ist.

Aus der Blütenmitte erheben sich zwei mit hübschen Narben geschmückte Griffel, die nach dem Verwelken der Kron- und Staubblätter wie ein Sternchen auf der Frucht stehen bleiben.

Diese Frucht, meist länglich-oval, öffnet sich bei der Reife längsseits in zwei Hälften; zwei nackte Samen, an dünnen Stielchen baumelnd, werden sichtbar, dieses teilt sich nochmals, so dass die Samenkörner einzeln daran hängen, bis sie, reif geworden, abfallen – welch bewundernswertes Kunstwerk! Dass sich die Größe je nach Gattung verändert, ist ganz natürlich. Ich habe nur die hervorstechendsten Merkmale beschrieben. Ich weiß, wie viel Geduld, wie viel Ausdauer nötig sind, um so winzige Dinge mit der Lupe beobachten und unterscheiden zu lernen. Doch diese Mühe lohnt sich, Sie werden es nie bereuen.

Hier nun die wichtigsten Charaktereigenschaften der Umbelliferen: *Fünf Blumenkronblätter, fünf Staubblätter, zwei Griffel auf einem nackten zweisamigen Fruchtknoten (d.h. zwei Samenkörner, die mit einem Stielchen verbunden sind).*

Wenn Sie, liebe Freundin, diese eben aufgezählten Merkmale bei einer Blüte, bei einer Frucht vorfinden, können Sie sicher sein, dass Sie einen Doldenblütler vor sich haben, sogar dann, wenn andere Punkte nicht mit meiner Beschreibung übereinstimmen sollten. Wenn Sie aber einen ‹Sonnenschirm› finden, der eigentlich meiner Beschreibung entspräche, lassen Sie sich nicht täuschen, zerlegen Sie zuerst eine Blüte, die, wer weiß, vielleicht den ersten Eindruck widerlegt.

Nehmen wir einmal an, dass Sie nach der Lektüre meines Briefes spazieren gehen und Sie stehen plötzlich einem blühenden Holunder gegenüber. Da ist ja ein Doldenblütler! würden Sie beim ersten Hinsehen ausrufen. Grosse Dolde, kleine Döldchen, kleine weiße Blüten, Blumenkrone oben, fünf Staubfäden, es kann nicht anders sein, eine Umbellifere! Seien wir vorsichtig, zerlegen wir erst mal eine Blüte.

Die Blüte hat fünf Abschnitte, das würde stimmen, aber, und jetzt kommt etwas Wichtiges – die Blütenkrone ist aus einem Stück, also verwachsen. (Sie haben schon gelernt, dass die Doldenblütler nicht zu den verwachsen-kronblättrigen gehören.) Sie zählen fünf Staubfäden, Griffel sehen Sie keinen, Narben manchmal drei, manchmal zwei und im Fruchtknoten drei Samenanlagen. Aber die Doldengewächse haben nie mehr nie weniger als zwei Narben, nie mehr und nie weniger als zwei Samen in einem Fruchtknoten. Schließlich entwickelt sich der Fruchtknoten zu einer weichen Beere. Die Früchte der Umbelliferen sind aber trocken. Sie sind nun sicher, der Holunder gehört in eine andere Familie. Und weil Sie ja wissbegierig sind, beginnen Sie von vorn und besehen sich den Blütenstand genauer und Sie stellen fest, er sieht nur scheinbar jenem der Doldenblütler ähnlich. Denn die Ansatzstellen der Strahlen sind verschieden hoch, besonders augenfällig ist es bei den kleinen ‹Döldchen›, sie sind noch unregelmäßiger angeordnet. Das widerspricht der unveränderlichen Strahlenordnung der Doldengewächse. Die Blüten des Holunders sitzen auf einer *Schein- oder Trugdolde*. Ein Irrtum kann sehr lehrreich sein; wir haben besser beobachten gelernt, oder nicht?

Sie haben ja sicher schon vom *Feld-Mannstreu (Eryngium campestre)* gehört? Nun, Gestalt und Form entsprechen keineswegs einer Umbellifere, und doch gehört er gerade zu dieser Familie. Sehen wir ihn also genauer an. Wo kann ich, werden Sie mir sagen, Feld-Mannstreu finden? – Überall säumt er Wegränder, Landstraßen auf der rechten und der linken Seite. Sie erkennen ihn an seinen bläulich-grünen Blättern, die sehr stachelig und ledrig sind. Doch lassen Sie diese widerborstige Pflanze stehen, ist sie doch nicht schön genug, um uns für die Kratzwunden zu entschädigen, die man sich unfehlbar beim Zerlegen zuzieht. Und meine liebe kleine Freundin mit den zarten Händen wäre es bald überdrüssig, eine so garstige Pflanze anfassen zu müssen!

Die Familie der Umbelliferen ist sehr zahlreich und so natürlich, dass es sehr schwierig ist, Gattungen und Arten voneinander zu unterscheiden, genau wie Brüder, die durch große Ähnlichkeit dauernd verwechselt werden. Es ist klar, dass man versucht hat, sich irgendwie zu behelfen, dieser Schwierigkeit aus dem Wege zu gehen. Man hält sich am besten an wichtige Unterscheidungs-Merkmale, die oft recht nützlich sind, doch darf man sich nicht ganz darauf verlassen.

Eines dieser Merkmale: Der Mittelpunkt, von wo aus sich die Strahlen teilen, sei es bei der grossen Dolde oder bei den kleinen Döldchen, ist nicht immer nackt. Er ist manchmal von kleinen Blättchen umgeben, als hätte er eine elegante grüne Manschette.

Diese Blättchen heissen *Hüllblätter* oder *Hülle*. Hat die grosse Dolde eine Manschette, ist es die *große Hülle*, haben die Döldchen Manschetten, sind es *kleine Hüllen* oder *Hüllchen*. Aus diesen Gründen können die Doldengewächse in drei Abschnitte unterteilt werden: 1. *Jene mit großen Hüllen und kleinen Hüllchen*, 2. *Jene mit nur kleinen Hüllchen*, 3. *Jene, die weder große noch kleine Hüllen haben*. Vielleicht vermuten

Sie nun, dass es noch eine vierte Kategorie gibt, nämlich jene mit großer Hülle und ohne Hüllchen. Dem ist nicht so, da eine solche nicht bekannt ist.

Verehrteste, Ihre erstaunlichen Fortschritte, Ihre Geduld haben mich so sehr ermutigt, Ihnen die Familie der Umbelliferen darzustellen, ohne Ihnen auch nur eine einzige Art als Beispiel zu nennen. Ich stelle mir vor, dass meine Erklärungen Sie stark ermüdet haben. Da ich sie aber als äußerst gute Leserin kenne, zweifle ich nicht daran, dass nach ein- oder zweimaliger Lektüre meines Briefs, Ihrem offenen Auge, Ihrem lebhaften Geist kein Doldenblütler entgehen wird! Jetzt, in dieser Jahreszeit blühen sie schön und üppig; Sie finden sie im Garten und auf dem Feld.

Die meisten blühen weiß, wie z. B. die wilde Möhre, Kerbel und Petersilie, Hundspetersilie, Engelwurz, Bärenklau, Bibernelle, Merk, Geißfuß oder Baumtropfen, Meerfenchel usw.

Einige, so der Fenchel, Anis und Pastinak, haben gelbe Blüten. Es gibt auch solche mit rötlichen. Andere Blütenfarben findet man bei den Doldengewächsen nicht.

Nun, Sie werden sagen: Hier habe ich ja eine ganz schöne Übersicht von dieser zahlreichen Familie. Aber, was hilft mir das? Sie wird mich nicht davor bewahren, Petersilie und Kerbel nicht mit dem Schierling des Gartens, der Hundspetersilie, zu verwechseln. Dieses theoretische Gerede! Wirklich, die schlechteste Köchin weiß mehr als ich! Meine Liebe, ich gebe Ihnen nur zu recht. Und doch, ich muss es sagen: Hätten wir mit Einzelbeschreibungen begonnen, würde unser Gedächtnis vor soviel gewichtigem Stoff zurückschrecken und uns bald einmal im Stich lassen bei unsern ersten zögernden Schritten in das immense Reich der Pflanzen. Wenn wir aber zuerst den großen Landstraßen folgen, dann verlieren wir die Orientierung weniger schnell, da uns nicht unübersichtliche Pfade verwirren: Recht bald werden wir uns überall zurechtfinden. Aber – keine Regel ohne Ausnahme – meine Ausführungen sollen ja auch praktischen Nutzen für Sie haben. Ich möchte ja wirklich um alles in der Welt verhüten, dass Sie, gute Freundin, aus Un-

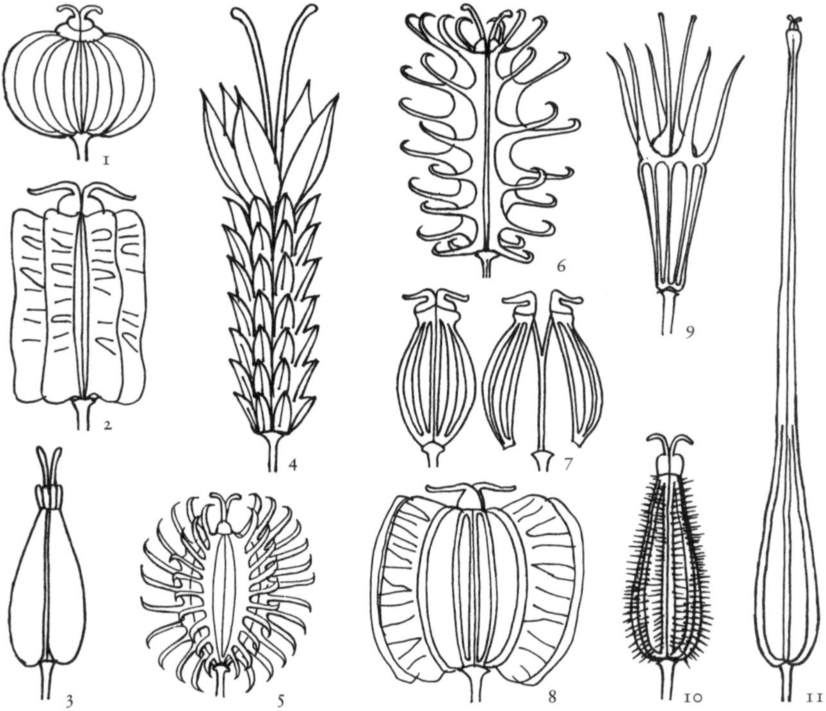

Doldenblütler: Formenvielfalt der Früchte und Teilfrüchte

WASSERNABEL, *zwei halbkreisförmige, flache Hälften, Rückenrippen hervorspringend, schwache Seitenrippen (1)*

BREITBLÄTTRIGES LASERKRAUT, *6–9 mm lang, breit, feinstriemig (2)*

WIESEN-KERBEL, *eiförmig, meist glatt, schnabelförmiges Endstück (3)*

AMETHYST – MANNSTREU, *länglich, etwas zusammengedrückt, schuppig (4)*

MÖHRE, KAROTTE, *geflügelte Nebenrippen mit langen pfriemlichen Stacheln (5)*

HAFTDOLDE, *stachelige Hauptrippen, Striemen in den Tälchen (6)*

KÜMMEL *länglich, braun mit weißlichen Rippen (7)*

MEISTERWURZ, *fast kreisrund, geflügelt, auffällige Griffel, bleibend (8)*

WASSER-REBENDOLDE, *länglich, lufthaltiges Schwimmgewebe in den Rippen, oben spitz zulaufend (9)*

AUGENWURZ, *flaschenförmig, dicht rauhhaarig, Rippen schwach ausgformt (10)*

VENUSKAMM, *seitlich abgeflacht, lang geschnäbelt, Schnabel rauhwarzig, vorgewölbte Rippen, Striemen in den Tälchen (11)* kenntnis, und zwar nach stundenlanger Analyse der Gesetze des Pflanzenreichs, einen Schierlings-Pfannkuchen essen!

Der kleine Schierling oder die Hundspetersilie (Aethusa Cynapium L.), ist ein Doldenblütler wie Petersilie und Kerbel. Auch er blüht weißlich. Wie der Kerbel hat er Hüllchen, aber keine Hülle; er gehört also zur zweiten Kategorie. Die Blätter sind sehr ähnlich, so ähnlich, dass es mir nicht möglich ist, Ihnen auf schriftlichem Wege die Unterschiede zu erklären. Aber ich zähle Ihnen jetzt genügend Merkmale auf, so dass jeder Irrtum ausgeschlossen ist.

Gehen Sie in den Garten und lassen Sie sich die Hundspetersilie, die Petersilie und den Kerbel zeigen! Es ist am besten, wenn Sie sich blühende Exemplare ansehen; in diesem Zustand zeigt die Hundspetersilie ihren wahren Charakter. Unter jedem Döldchen befindet sich ein zusammengesetztes Hüllchen, zusammengesetzt aus *drei kleinen, länglichen und zugespitzten Blättchen, alle nach außen gewendet*. Rund um das Kerbel-Döldchen stehen die Hüllblättchen nach allen Seiten ab. Die Petersilie aber hat nur ein paar unscheinbare und kurze Hüllblättchen, haarfein und unregelmäßig angeordnet bei der großen Dolde und beim kleinen Döldchen, Hülle und Hüllchen sind also spärlich und mager.

Wenn Sie nun sicher sind, den blühenden Schierling des Gartens, die Hundspetersilie, gut zu kennen, dann vergewissern Sie sich noch, indem Sie ein paar Blätter in der Hand leicht zerreiben; wenn Sie daran riechen, werden sie ohne Zweifel Ihr schönes Näschen rümpfen! Der starke, ja stinkende Geruch hebt sich zweifellos vom angenehmen Duft der Petersilie und des Kerbels ab. Um jeden Fehler auszuschalten, untersuchen Sie vergleichend alle drei Pflanzen in allen Wachstumsstadien. Prüfen Sie vor allem die Blätter, die ja dauerhafter sind als die Blüten. Durch Vergleichen, Prüfen, Wiederholen gewinnen Sie Sicherheit, und Sie werden bald ohne Zögern die Hundspetersilie auf den ersten Blick erkennen. Auf diese Art und Weise führen uns unsere Studien an die goldene Pforte der Praxis, die wiederum die Pfade zum Wissen, zur Erkenntnis öffnet.

Was für ein ausführlicher, ja mühsamer Brief – gute Freundin, atmen Sie tief ein und erholen Sie sich! Doch muss ich Ihnen gleich gestehen, ich befürchte sehr, dass die nächsten ebenso lang und ermüdend sein werden. Doch stellen Sie sich vor: Nachher werden wir nur noch blumengeschmückte Wege vor uns haben. Wirklich, Sie verdienen eine Krone für Ihre Sanftmut und für Ihre Ausdauer, mir ohne Zaudern in dieses Dickicht zu folgen, ohne vor den Dornen zurückzuschrecken! – Einen schönen guten Tag, Liebe.

SECHSTER BRIEF

Den 2. Mai 1773

Liebe Freundin, natürlich bleiben noch viele Fragen offen, und ich weiß nur zu gut, dass meine Beschreibungen der schon besprochenen Pflanzenfamilien nicht immer einleuchtend und klar genug waren, um unsere liebe kleine Botanophile ganz zu befriedigen. Dennoch bin ich recht zuversichtlich und hoffe, dass mein Unterricht es Ihnen doch ermöglicht, gewisse wichtige Familienmerkmale zu erkennen und sie einzuordnen. Sie haben nun ein Herbar angelegt. Vermutlich wird es Ihnen in ein paar Monaten möglich sein, eine unbekannte Pflanze nach deren Gestalt und Habitus richtig einzureihen; jedenfalls werden Sie sicherlich sagen können, ob sie schon zu den dargestellten Familien gehört oder nicht. Natürlich unter dem Vorbehalt, dass Sie die Blüte jeweils untersuchen, um nachzuprüfen, ob die Vermutung richtig oder falsch gewesen ist.

Diese Doldenblütler, diese Umbelliferen haben ja, wie mir scheint, einige Verwirrung gestiftet. Ich gebe Ihnen den Rat: Halten Sie sich eng an meine Ausführungen und glauben Sie mir, Verwirrtes entwirrt sich! Lassen Sie sich in diesem Sommer die wilde Möhre und den Pastinak zeigen und zwar, wenn sie in Blüte stehen; beide kommen recht häufig in Gemüsegärten vor. Und wenn Sie einmal einen Doldenblütler richtig angeschaut haben, wird Ihnen unmittelbar klar, *wie* die ganze Familie aussehen muss, und Sie werden sich nicht mehr so schnell irren. Das ist alles, was ich bis jetzt gesagt habe, und mehr wünsche ich augenblicklich gar nicht. Es wird noch recht lange gehen, bis ich auf die einzelnen Gattungen und Arten zu sprechen komme. Ich muss noch einmal betonen: Es geht nicht darum, sich nach Papageienart Namen anzueignen, sondern es geht um echte, um wahrhafte Wissenschaft, und zwar um die liebenswerteste aller Wissenschaften, die wir Menschen betreiben können. Ich bleibe also bei meiner Methode und gehe aus diesen Gründen zur sechsten Familie über, die wahrscheinlich noch grössere Verwir-

Blütenköpfe aus Röhren- und Zungenblüten

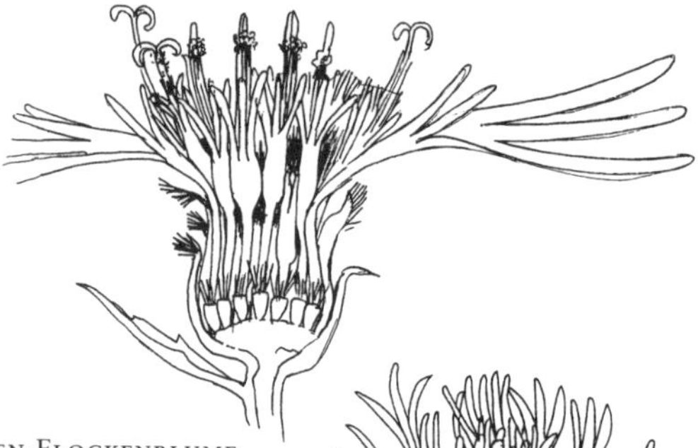

WIESEN-FLOCKENBLUME
Strahlenblüten geschlechtslos, äußere Röhrenblüten weiblich, innere Röhrenblüten männlich

WEISSE MARGERITE
Randblüten zungenförmig weiß; Röhrenblüten gelb Hüllkelch dachziegelig

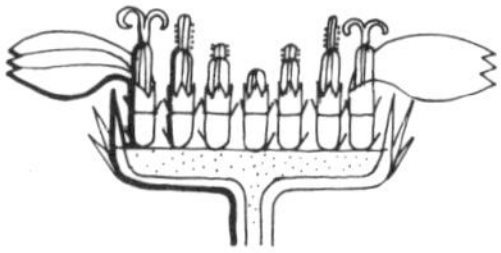

Blütenachsenbecher außen Zungen- oder Strahlenblüten innen Röhrenblüten

WIESEN-FLOCKENBLUME
Randständige Blüten meist steril, violett; Hüllkelchblätter gefranst

KÖRBCHENBLÜTLER ODER KOMPOSITEN

Wurzeln: oft ausgeprägte Hauptwurzel (Löwenzahn); Laubblätter: meist wechselständig, meist einfach, formenreich. Blüten: klein, fast immer in mehrblütigen Köpfen ‹Körbchen›, umgeben von mehrreihigen Blättchen ‹Hüllkelch›; Kelch meist nur aus borstenförmigen Härchen bestehend (Pappus); Krone verwachsen 4–5-zähnig, meist röhrig; 5 Staubblätter meist röhrig verwachsen; Fruchtknoten unterständig 2 Griffel mit 2 Narben; Unterteilung in drei Gruppen: Zungenblütige, Röhrenblütige und Strahlenblütige. Frucht: Nüsschen, oft mit Flugapparat ausgestattet (Löwenzahn).

rung anrichten wird als unsere Doldengewächse. Doch will ich versuchen, Ihnen zu Ihrer Erleichterung eine Gesamtübersicht zu skizzieren. Mein Ziel kennen Sie ja, Ihnen möglichst klar die Probleme vor Augen zu führen. Wir haben jetzt noch genügend Zeit dafür, bevor alles blüht. Und diese Spanne Zeit wollen wir nützen, um die kommenden Schwierigkeiten besser meistern zu können, gegen sie wollen wir schon jetzt ankämpfen, oder nicht?

Gehen Sie hinaus und pflücken Sie eines jener Blümchen, das jetzt überall die Wiesen bedeckt. Es ist das Gänseblümchen, oder viele sagen auch Massliebchen, kleines Margeritchen, die Botaniker: *Bellis perennis*. Und jetzt schauen Sie genau hin: Ich bin sicher, Sie damit zu überraschen, wenn ich Ihnen verrate, dass diese liebliche kleine Blume in Wirklichkeit aus zwei-, ja dreihundert vollkommenen Blüten zusammengesetzt ist, und zwar bestehend aus Krone, Fruchtknoten, Griffel und Staubblätter; alle sind ebenso vollkommen wie eine Lilie oder eine Hyazinthe. Jedes einzelne Blättchen, auf der Oberseite meistens weiss, auf der Rückseite rosa, sieht eher wie ein Kronblatt aus und ist doch eine ganze, eine echte Blüte. Die goldene Mitte besteht nicht, wie man leichthin annehmen möchte, aus lauter Staubfäden, sondern jedes feine ‹Hälmchen› formt auch eine vollständige Blüte. Wären Ihre Finger schon geübt im Zerlegen von Blüten, könnten Sie mit einer guten Lupe und viel Geduld mit eigenen Augen sehen, dass ich die volle Wahrheit sage. Wenn ich bitten darf, schenken Sie doch vorläufig meinen Worten Glauben! Sonst befürchte ich, dass Sie sich in diesen kleinen Kleinigkeiten verlieren. Indessen gebe ich mir alle Mühe, Sie auf die richtige Fährte zu führen.

Erst reißen Sie eines dieser weißen ‹Kronblättchen› weg! Scheint es nicht ganz flach zu sein? Wenn Sie aber ganz genau nachprüfen, gerade dort, wo die Ansatzstelle war, stellen Sie fest, dass dieses Zipfelende gar nicht flach, sondern rund, hohl, röhrenförmig ist.

Aus dem winzigen Röhrchen ragt ein sehr feiner Faden heraus, der mit zwei Hörnchen geschmückt ist. Es handelt sich um die Narbe, die gegabelte Verlängerung des Griffels.

Und nun betrachten Sie die gelben ‹Hälmchen›, diese goldene Blumenmitte! Wenn Sie eines davon untersuchen, sehen Sie bald, dass es sich auch hier um echte Blüten handelt, wie ich es Ihnen schon vorhin sagte. Befinden sie sich in vorgerücktem Stadium – diejenigen am äußern Rand öffnen sich zuerst –, kann man gut vollentfaltete Blütenkrönchen sehen; sie gehören zu den verwachsenkronblättrigen. Mit einer Lupe kann man leicht Griffel und Narbe und sogar Staubblätter erkennen. Die Blütchen in der innersten Mitte blühen später auf, deshalb scheinen sie rundlich zu sein, weil sie noch geschlossen sind. Genügt das, um Sie zu überzeugen, dass alle diese Blättchen und Hälmchen, mögen sie weiß oder gelb sein, wirklich echte, vollkommene Blüten sind? Es ist ein sehr wichtiges Familienmerkmal, eine immer wiederkehrende Tatsache.

Sie haben bemerkt, nehme ich an, dass alle diese kleinen, eng zusammengepferchten Blüten von ein und demselben ‹Kelch› eingefasst werden? Es ist wirklich unser vertrautes Maßliebchen! Wenn wir nun annehmen, dass eben dieses Blümchen eine einzige Blume sei, wäre es nicht unklug zu sagen, sie sei *zusammengesetzt* und man könnte ihr *Komposite* als Namen geben? Es gibt sehr viele Arten und Gattungen, die ähnlich zusammengesetzte Blumenköpfchen haben wie unser Gänseblümchen. Alle werden von einem sogenannten ‹Körbchen› eingefasst. Da hätten wir also in groben Zügen unsere sechste Familie, die *Kompositen* oder die *Körbchenblütler*. Diese Bezeichnung, dieser Begriff ist unklar und vieldeutig. Wir müssen bedenken, dass es sich beim ‹Körbchen› um einen ganzen Blütenstand handelt, welcher aus vielen kleinen Blüten besteht. Vergessen wir aber dabei nicht, dass es echte, vollständige Blüten sind, d.h. mit Fruchtknoten, Griffel und Staubfäden!

Wie Sie gesehen haben, trägt das Gänseblümchen zwei verschiedene Blütchenformen zur Schau, nämlich jene gelben, röhrenförmigen, die die Mitte der Blume bilden, und diese kleinen zungenförmigen am äußern Rand. Die kleinen Gelben erinnern etwas an die Form des Maiglöckchens oder der Hyazinthe, die weißen mahnen ein wenig an die

Geißblattblüten. Nun, die Botaniker verwenden für die ersteren die Bezeichnung *Röhrenblüte* und für die zweiten *Zungenblüte* (ja wirklich, man kann sich vorstellen, dass eine Blütenseite abgefressen wurde, und nur noch diese kleine Zunge übrig blieb!)

Aus diesen beiden Formen, also aus Röhren- und Zungenblüte, setzen sich alle bis jetzt bekannten Kompositen zusammen. Weil die Familie zahlreich ist, wurde sie von den Fachleuten in drei Gruppen gegliedert, die sich deutlich voneinander abheben.

Bei der *ersten Gruppe* setzen sich die Blütenköpfe *nur aus Zungenblüten* zusammen, sowohl in der Mitte als auch am Rand. Sie sind einfarbig, und zwar meistens gelb wie der echte Löwenzahn, das Pfaffenröhrlein, Kopfsalat, Lattich, Rainkohl, Schwarzwurzel, der Wiesenbocksbart; die Zichorie macht eine Ausnahme, sie blüht blau.

Die *zweite Gruppe* umfasst jene, die *nur aus Röhrenblüten* zusammengesetzt sind. Auch sie sind meistens einfarbig, z.B. Immortellen, Klette, Wermut, Beifuß, Distel, Artischoke, die ja auch eine Distel ist, deren Hüllkelch und Blütenboden als Knospe verspeist wird, bevor sich die Blüten entfalten konnten. Diese Füllhaare in der Mitte der Artischocke sind nämlich nichts anderes als die künftigen Röhrenblüten am Anfang ihres Wachstums. Bevor wir den Blütenboden essen können, lösen wir jeweils den dichten Haarkranz, den sogenannten *Pappus* ab, d.h. die unentwickelten Blütchen. Die *dritte Gruppe* weist beide Blütenformen auf. Die Mitte des Körbchens ist mit Röhrenblütchen ausgefüllt, die Zungenblütchen formen den Rand, die Peripherie, genau so wie Sie es eben beim Maßliebchen gesehen haben. Diese Gruppe hat einen besondern Namen erhalten, nämlich die *Strahlblütigen*, die Sie sehr gut von den andern unterscheiden können. Im innern Kreis auf der *Scheibe* oder dem *Diskus* sitzen die Röhrenblüten, die von den Strahlen- oder Zungenblüten umrahmt werden. Meistens sind sie zweifarbig: die Mitte braun oder gelb, die Strahlen gelb, weiß oder violett. Es gibt aber auch Gattungen und Arten, die einfarbig sind.

Ich möchte noch versuchen, Ihnen den Begriff des Körbchen-Blütlers zu erklären. Sie kennen ja sicher den Wiesenklee; zurzeit ist er in

Blütenköpfe aus Röhrenblüten

KUGELDISTEL
Blütenachsenbecher kugelig aufgewölbt; nur Röhrenblüten

EDELWEISS
Röhrenblüten in kleinen gehäuften Köpfen oben an der Stengelspitze, umgeben von großen abstehenden, weißen filzigen Hochblättern

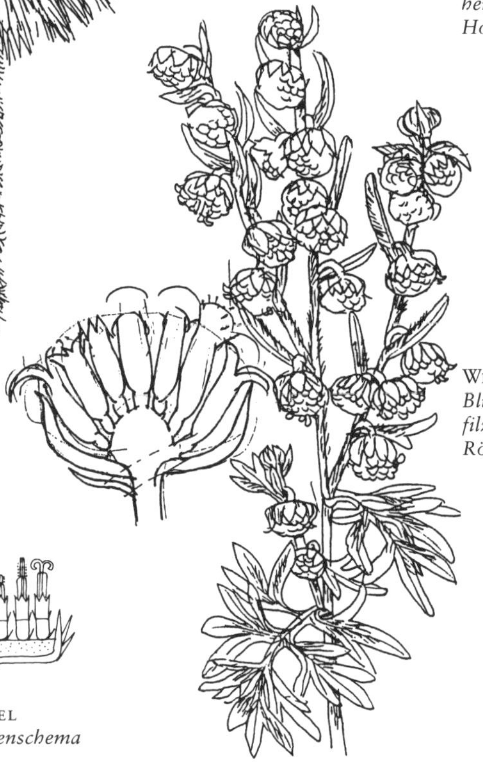

WERMUT
Blütenköpfe klein seidigfilzig, nickend; Röhrenblüten hellgelb

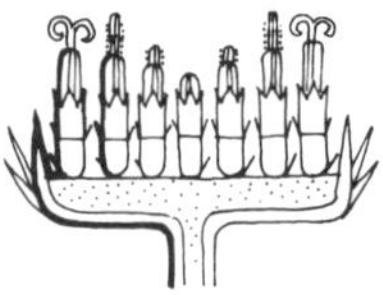

KRATZDISTEL
Röhrenblütenschema

schönster Blüte. Das purpurrote Köpfchen sieht man von weitem leuchten. Sie begegnen ihm beim Spazieren. Und wenn Sie nun soviele kleine Köpfchen sehen, dann ist die Versuchung groß anzunehmen, es handle sich um eine Komposite, einen Körbchen-Blütler, Sie würden sich täuschen. Weshalb? – Nun, viele kleine Blüten zu einem Köpfchen zusammengedrängt ergeben noch keine Komposite. Bei einem echten Körbchenblütler wachsen alle Blütchen auf ein und demselben Blütenbecher, umgeben von einem Hüllkelch.

Es stimmt schon, man könnte sagen, dass dieses Grüppchen von Klee-Blüten umhüllt werde von einem ‹Kelch›. Wenn Sie aber diese Blättchen vorsichtig auseinandernehmen, sehen Sie sofort, dass sie nicht zum Blütenkopf gehören, sondern zum Blütenstiel; es handelt sich hier also gewissermaßen noch um Laubblätter. Und wenn Sie noch genauer hinsehen, bemerken Sie, dass die vermeintliche Komposite aus vielen kleinen Schmetterlingsblüten besteht, die alle einen eigenen Kelch haben. Nur eines haben diese Blüten gemeinsam: sie sitzen auf demselben Blütenstiel. Spricht man also vom Klee, sollte man vermeiden, von *einer* Blume zu sprechen – das ist eine falsche, aber noch sehr verbreitete Vorstellung –, man kann höchstens von einem Blütenköpfchen (flos capitatus, capitulum) reden, was recht oft auch von Botanikern angewendet wird.

Ob mein Versuch, Ihnen, liebe Freundin, diese Familie so einfach und so verständlich wie möglich darzustellen, ob er wohl gelungen ist? Anstatt von einer Kompositen-Familie zu sprechen, wäre es eigentlich klüger, von einer *Sippe* zu reden, die in drei Familiengruppen aufgeteilt wird.

Noch etwas Wichtiges muss ich erwähnen, und zwar den sehr speziellen Aufbau der Samen. Vielleicht gelingt es mir auf diesem Weg, die charakteristischen Merkmale dieser zahlreichen und schwierigen Familie nachzuzeichnen.

Der *Blütenbecher* oder das *Rezeptakel* ist ein wichtiger Bestandteil der Komposite; darauf wachsen die Zungen- und Röhrenblüten, hier bilden sich auch die Samen aus. Dieses Rezeptakel – eine runde Scheibe von unterschiedlicher Größe – wird vom Hüllkelch umschlossen, wie Sie es sehr gut beim Löwenzahn sehen können, den wir als Beispiel wählen. Der Hüllkelch, bestehend aus vielen kleinen Blättchen, kann während der Blütezeit und der Samenbildung gewisse Bewegungen ausführen, nämlich sich öffnen oder schließen, ja er kann sich sogar umstülpen, und zwar ohne je Risse zu bilden.

Er wird von zwei Blattreihen gebildet, die wechselweise versetzt sind; die innern Blättchen umfassen das Blütenkörbchen, die äußern stützen und schützen, können sich sogar nach außen und nach innen biegen. Die innere Kelchblattreihe bewegt sich nicht, sie hält und umgibt die Zungenblütchen des Löwenzahns.

Eine recht häufige Form ist der ‹Dachziegel-Kelch› – ich möchte damit bedeuten, dass die *Blattreihen dachziegelig angeordnet sind, also verschiedene versetzte Reihen, die sich aufeinanderfügen, genau so wie die Ziegel eines Hausdachs*. Als Beispiele nenne ich: Artischocke, Kornblume, Flockenblume und Schwarzwurzel.

Umschlossen vom Kelch wachsen Zungen- und Röhrenblüten dichtgedrängt auf der Blütenbodenscheibe wie auf einem Schachbrett. Manchmal berühren sich die Blüten unmittelbar, häufig werden sie aber von Haaren oder Schuppen umhüllt, die oft am Rezeptakel hängen bleiben, wenn die Samen herausgefallen sind. – Ich glaube, nun können Sie schon recht selbständig die Unterschiede von Hüllkelch und Blütenboden feststellen. Gehen wir jetzt zur Struktur, zum Aufbau der *Röhren- und Zungenblüten* über.

Ich beginne mit der *Röhrenblüte*: sie ist *verwachsen, meistens regelmäßig*, das *Krönchen* ist oben in *vier oder fünf Lappen gespalten*. Unten, am *Röhrenende*, sind die *fünf Staubfäden* angewachsen, die sich gegen oben *vereinigen zu einer runden kleinen Tüte*, die den *Griffel* einschließt. Die *fünf Staubblätter* werden also hier zu einem *einzigen röhrigen Körper*, was die Botaniker bewogen hat, dieses Merkmal als besonders wesentlich und wichtig für die Kompositen zu bezeichnen. Keine andere bekannte Blumenfamilie hat diese Eigenschaft. (Wenn Sie also verschiedene Blüten auf demselben Blütenboden finden – wie z.B.

bei der Skabiose oder der wilden Karde –, doch die Staubfäden sind nicht röhrig rund um den Griffel verwachsen, die Blüte hat keinen einsamigen Fruchtknoten, da hilft alles nichts: es sind keine Röhrenblüten, es ist keine Komposite!) Gesetzt den Fall, Sie finden eine einzige, alleinstehende Blüte, deren fünf Staubfäden einen einzigen tubenförmigen Körper bilden, die einen einsamigen, unterständigen Fruchtknoten hat, sie wäre, obschon allein, doch eine Röhrenblüte und würde ganz richtig den Kompositen zugeteilt. *Es ist also äußerst wichtig, sich ein genaues Bild vom Blütenbau zu machen, und sich nicht täuschen lassen von einem irreführenden Äußeren!*

Der Stempel ist meistens länger als die Blüte; er ragt aus der Staubfadenröhre heraus. Die gabelige Narbe formt meistens zwei Hörnchen, die leicht zu sehen sind. Weder Stempel noch Röhrenblüte sind unmittelbar mit dem Blütenboden verbunden. Als Basis dient der Fruchtknoten, der, wie schon gesagt, unterständig ist; während die Röhrenblüte verwelkt, schwillt der Fruchtknoten an und wird nach und nach zu einem länglichen Samenkorn, das bis zu seiner Reife mit dem Rezeptakel verbunden bleibt. Bei einigen Arten sind die Samen nackt und ungeschmückt; diese fallen, wenn sie reif sind, auf die Erde. Sind die Samen aber mit einem ‹Federbüschel› gekrönt, werden sie vom Wind verbreitet. Der Blütenboden ist je nach Art behaart und schuppig, oder nackt und bloß.

Bei den zungenblütigen Kompositen sind Staubblätter, Stempel und Fruchtknoten ähnlich angeordnet. Als Beispiel haben wir schon vorher vom Gänseblümchen gesprochen. Recht oft kommt es vor, dass die Zungenblüten steril sind, d.h. es können keine Samen ausgebildet werden. Ist dies der Fall, übernehmen die Röhrenblüten, diese goldenen in der Mitte, die Aufgabe der Fortpflanzung. Bei sämtlichen Gattungen *sitzt der Fruchtknoten auf dem Blütenboden, d.h. er ist unmittelbar, ohne Stielchen mit ihm verbunden.* Und um es noch einmal zu wiederholen: Körbchenblütler zeichnen ihre Samen oft durch sitzende oder gestielte ‹Federbüschel› aus. Sie verstehen, gute Freundin, die großartige nützliche Einrichtung. So kann der Wind die Samen leicht davontragen.

Ich bin unglücklich über meine allzuknappen und schlecht formulierten Beschreibungen. Es drängt mich aber, Ihre Aufmerksamkeit noch auf den Hüllkelch zu richten, dessen *Bewegungen* etwas Wunderbares sind. Nämlich, wenn die Blüten sich entfalten, öffnet er sich, wenn sie welken und abfallen, schließt er sich; um dem größer und reifer werdenden Samen mehr Raum zu schaffen, öffnet er sich erneut, ja er stülpt sich manchmal sogar um. Ich kann mir vorstellen, dass Sie beim Löwenzahn diese Vorgänge beobachtet haben, ohne vielleicht zu realisieren, um was es sich handelt. Nicht wahr, wie oft haben Sie schon spielende Kinder gesehen, die den verblühten Löwenzahn pflückten, die fedrigen Schirmehen fortbliesen, die auf dem *zur Kugel gewordenen umgestülpten Kelch* saßen?

Um diese große Familie, eine eigentliche Sippe, gut kennen zu lernen, wird es unumgänglich sein, alle Stadien von Knospe, Blüte und Frucht in natürlichem Ablauf zu betrachten. Es ist dies eine Folge von Metamorphosen, eine einzige Kette von Wundern, die jeden Menschen mit Herz und Verstand immerdar begeistern und beglücken wird. Am bequemsten wird es wohl sein, wenn Sie ein Exemplar der Ringelblume wählen. Sie finden sie häufig in Gärten und Rebbergen. Um das Gesagte nachzuprüfen, eignet sie sich recht gut. Die hübsche goldene Ringelblume gehört, wie Sie bald selbst feststellen, zu den Kompositen mit Zungen- und Röhrenblüten. Auch die Busch-Wucherblume, die im Herbst die Vorgärten schmückt, gehört zu derselben Gruppe. Hingegen die Disteln, die sind röhrenblütig. (A propos Disteln: Man kann nie vorsichtig genug sein! Nicht nur, weil sie so stachelig sind, sondern, z.B. unsere Kardendistel, das ist gar keine echte Distel, und sie gehört denn auch in eine ganz andere Familie.) Dass Löwenzahn und Schwarzwurzel nur zungenblütig sind, wissen Sie längst. Die Blüten der aufgeführten Pflanzen sind alle groß genug, um sie ohne Lupe zerlegen und studieren zu können.

Genug für heute, mehr als genug. Ich zittere davor, Ihre Geduld über Gebühr in Anspruch genommen zu haben. Wie gerne hätte ich mich kürzer gefasst und alle diese Einzelheiten klarer dargestellt. Leider ist es mir nicht gelungen, die Schwierigkeiten aus dem Weg zu räumen, die aus der Sache selbst entstehen. Schönen guten Tag, liebe Freundin.

NB Noch etwas: Beim Wiederlesen Ihres letzten Briefes kamen mir Zweifel. Stimmt es wirklich, haben Sie die Röhrenblütchen bei der großen Wucherblume ganz allein entdeckt? Ich kann es kaum glauben! Dass sie eine aufmerksame Beobachterin sind, weiß ich sehr gut. Aber trotzdem wäre es verständlich und natürlich, die gelben Punkte auf dem Blütenboden für Staubfäden und die Zungenblütchen für Kronblätter zu halten. Ich kenne Sie, Sie sind ehrlich, sagen Sie mir bitte die volle Wahrheit: Hat Sie nicht irgendwer auf die richtige Spur gebracht? Wenn Sie es aber ganz selbständig herausgefunden haben, und Ihre kleine scharfäugige Begleiterin es ebenfalls gesehen hat, dann prophezeihe ich kühn: Sie beide und die Herzogin von Portland werden in wenigen Jahren als einzige weibliche Mitglieder zu den wenigen echten Botanikern gehören, denen nichts unbekannt ist auf unserer blumengeschmückten Erde!

Kronblätter oberseits weiß, unterseits rosa; Frucht oben und unten vertieft; Stiel eingesenkt

Echte Hagrose
Fiederblättchen scharf gezähnt; Blüte 5-zählig; Kronblätter frei; hellrosa

Holzapfel
Blütenachsenbecher gewölbt, fleischig; mehrfächriger eingesenkter Fruchtknoten (Kerngehäuse)

Hagebutte mit auffälligem Außenkelch; Fruchtstiele stachelig; viele einsamige Nüsschen im fleischigen Achsenbecher

ROSENGEWÄCHSE

Wurzeln: oft mit Ausläufern; Laubblätter: meist zusammengesetzt, oft gefiedert; Nebenblätter vorhanden, charakteristisch. Blüte: Kelch, oft Außenkelch, Kronblätter frei; oft 5-zählig, zwittrig; viele Staubblätter; Fruchtknoten unterständig, eingesenkt in Blütenachsenbecher, oft becherförmig vertieft oder gewölbt. Früchte vielgestaltig: mehrsamige Scheinfrüchte u.a. Apfel, Birne, Hagebutte; Steinfrüchte u.a. Kirsche; Sammelfrüchte: u.a. Erdbeere.

SIEBENTER BRIEF

Über die Obstbäume

Ganz geduldig habe ich Ihren Brief erwartet, liebe Freundin, und zwar, weil ich inzwischen Herrn J. gesehen habe; er sagte mir, Ihre Frau Mama, ja die ganze Familie seien bei guter Gesundheit. Natürlich freue ich mich darüber, dass Sie mir den beruhigenden Bericht nun auch bestätigen. Ganz besonders habe ich mich über die guten neuen Nachrichten von Tante Goncerut gefreut. Diese ihre lieben Grüße und ihr Segen haben mein Herz vor Freude höher schlagen lassen. Wie lange ist es doch her, seit ich Ähnliches empfunden habe! Solange meine Tante Goncerut hier auf dieser Erde noch lebt, atmet und wirkt, solange will ich das Leben lieben und es hier auch aushalten, möge kommen, was da wolle!

Schon wieder ist die Zeit da, teure Freundin, Ihre sprichwörtliche Güte in Anspruch zu nehmen. Meine kleine Gabe wird aber erst etwas wert sein, wenn Sie sie in Empfang genommen haben. Gerne hoffe ich, dass ihr verehrtester Gatte recht bald nach Paris komme, dann will ich ihn bitten, gütigst meinen Jahreszins mitzunehmen. Müsste er aber seine Reise verschieben, was ja gut möglich wäre, bitte ich Sie dringend, mir umgehend mitzuteilen, wem ich den Betrag anvertrauen könnte, da ich unbedingt jede Verzögerung vermeiden möchte. Es liegt mir sehr viel daran zu verhüten, dass Sie mir wie letztes Jahr einen Vorschuss gewähren, obschon ich recht gut weiß, dass Sie dies mit der Ihnen eigenen Großmut tun würden; doch ohne Not möchte ich darauf verzichten.

Und nun, meine liebe Botanikerin, finden Sie beiliegend alle Namen der Pflanzen, die Sie mir letzthin zugeschickt haben. Einige habe ich zwar mit einem Fragezeichen versehen. Ich war nicht immer sicher, denn Sie haben es schon wieder unterlassen, mir mit den Blüten auch die Blätter zu senden. Um die Art einer Pflanze bestimmen zu können, ist es meistens unumgänglich, auch die Blätter vor sich zu haben.

Es geht nicht mehr lange, und Sie werden wieder nach Fourvière ziehen. Dann werden fast alle Obstbäume in schönster Blüte stehen. Eben fällt mir ein, dass Sie mich seinerzeit darum gebeten haben, Ihnen über dieses Thema ein paar Worte zu sagen. Augenblicklich habe ich sehr viel zu tun, und ich bin in großer Eile. Dennoch will ich versuchen, Ihnen auf die Spur zu helfen, damit Sie nicht noch einmal ein ganzes Jahr verlieren, um alles beobachten und nachprüfen zu können.

Aber, liebe Freundin, bitte, überschätzen Sie die Botanik nicht! Sie ist und bleibt ein Studium, das nur reine Wissbegier zu befriedigen vermag. Sie hat keinen andern Nutzen, als einem denkenden und empfindsamen Menschen die Tore zum Wunderreich der Natur zu öffnen. Der Mensch hat dort vieles verändert, um es seinen Zwecken dienstbar zu machen. Darf man ihn deswegen tadeln? Und doch stimmt es leider auch, dass er nicht nur vieles verändert, sondern zugleich auch entstellt hat. Und wenn der Mensch glaubt, er finde in seiner Hände Werk die Natur wieder, dann täuscht er sich! Diesem Irrtum begegnet man hauptsächlich in der zivilisierten Gesellschaft – und, was mich besonders schmerzt, sogar noch in unsern Gärten. Ich denke an die viel bewunderten, gefüllten Blumen unserer Vorgärten, diese scheußlichen Missgeburten, denen die Fähigkeit ihresgleichen hervorzubringen abhanden gekommen ist. Und die Natur hat doch allen Wesen auf dieser unserer Erde die Fähigkeit zur Fortpflanzung mitgegeben!

In gewisser Beziehung sind die Obstbäume durch Okulierung in einem ähnlichen Fall. Säen Sie nur einmal einen Apfel- oder Birnenkern, und sei es von der besten Sorte! Glauben Sie mir, es werden nur Wildlinge wachsen. Um die echte, ursprüngliche Birne, um den echten Apfel kennenzulernen, müssen wir also nicht in unseren Obstgärten nachschauen, sondern wir müssen in unsere Wälder gehen. Die Bäume sind kräftiger, widerstandsfähiger; die Frucht ist kleiner, weniger saftig und hat viel mehr und größere Samen. Ich merke eben, dieses Thema würde zu weit führen, kehren wir deshalb in unsere Obstgärten zurück.

Unsere Obstbäume, obwohl okuliert, haben noch alle botanischen Merkmale der Samenbildung behalten. Betrachten wir sie einmal aufmerksam und ohne Vorurteil. Durch die Okulierung hat sich allerlei verändert. Doch wir stellen bald erstaunt fest, dass es eigentlich nur

ALPEN-HECKENROSE
Blattzweige meist stachellos;
Blatt dünn, Zähnchen oft
drüsig, Blüte langgestielt, rot

Hagebutten länglich, vorne
halsförmig verschmälert,
hängend

TRAUBEN-KIRSCHE
Blatt scharf gesägt, am
Grunde 2 Drüsen;
Blüten 5-zählig weiß:
Früchte schwarz, klein,
kugelig, hängende Traube

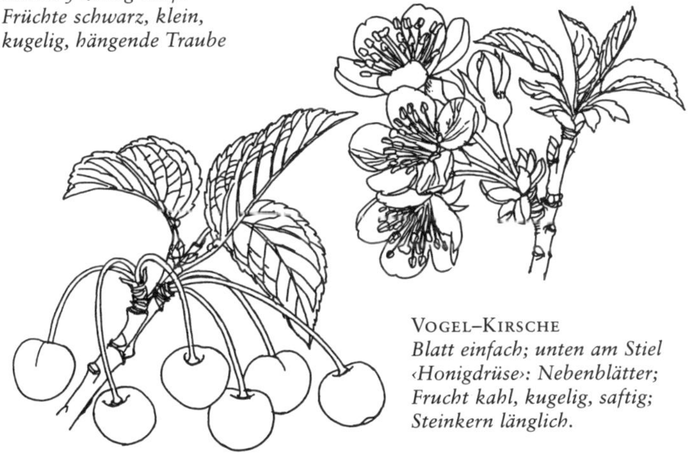

VOGEL–KIRSCHE
Blatt einfach; unten am Stiel
‹Honigdrüse›: Nebenblätter;
Frucht kahl, kugelig, saftig;
Steinkern länglich.

eine einzige Birne gibt, die aber durch ihre Mannigfaltigkeit von Größe und Geschmack unter tausend verschiedenen Namen bekannt ist. Lassen wir uns nicht trügen! Man meint viele Birnen zu kennen; in diesem Fall handelt es sich aber nicht um Arten (Spezies), sondern im Grunde nur um die Abwandlung einer Art – alles sind Sorten, oder mit dem botanischen Fachausdruck Varietäten. Wenn Sie bedenken, dass der Apfel und die Birne zwei Arten von derselben Gattung sind, deren charakteristischer Unterschied darin besteht, dass der Apfelstiel in einer Einbuchtung, der Birnstiel aber auf einer verlängerten Ausbuchtung sitzt. Auch bei den verschiedenen Kirschensorten sind es nicht verschiedene Arten, sondern es ist ein und dieselbe Art, sei es die Herz- oder Süßkirsche, die Sauer- oder Weichselkirsche oder die rotgelben Kirschen. Und all die Zwetschgensorten, die Sie kennen, auch sie bilden nur eine Art. Kirsche und Zwetschge gehören zur Gattung Prunus, also zur ‹Zwetschgen›-Gattung, die drei wohlschmeckende Vertreter zählt; nämlich die echte Zwetschge, die Kirsche und schließlich noch die schöne Aprikose, die somit auch so etwas wie eine Zwetschge ist. So hat der große Linne, als er diese Gattung in Arten aufteilte, von einer Zwetschgen-Zwetschge (alter lateinischer Name ‹prunus-prunus›!) gesprochen, von einer Zwetschgen-Kirsche und von einer Zwetschgen-Aprikose. Es ist klar, dass sich die Besserwisser über ihn lustig gemacht haben. Die Kundigen aber bewunderten seine Genauigkeit und Kombinationsgabe! – und so weiter und so weiter …

Ach, ich muss gehen und mich beeilen!

Noch etwas: Beinahe alle bekannten Obstbäume gehören der gleichen zahlreichen Familie an, deren Merkmale leicht zu behalten sind: Die vielen Staubblätter sind nicht mit dem Blütenboden verwachsen, sondern mit dem Kelch, präziser, sie sitzen zwischen den Kronblättern; vielkronblättrige Blüte, meistens fünf Petalen oder mehr. Das wären die wichtigsten Familienmerkmale der *Rosengewächse*.

Die Birne, der Apfel und die Quitte gehören der gleichen Gattung an: fünfzipfliger, verwachsener Kelch, fünf mit dem Kelch verwachsene Kronblätter, unterständiger Fruchtknoten (d.h. unter dem Kelch), fünf

Griffel, fleischige Frucht mit fünf Fächern, in welchen die Samenkerne enthalten sind, und so weiter und so weiter ....

Zur Gattung der Zwetschge gehören, wie schon gesagt, auch Aprikose, Kirsche und Kirschlorbeer. Kelch, Krone und Antheren ähnlich wie bei der Birne. Nur ein Griffel. Frucht eher wässerig als fleischig, enthält einen ‹steinigen› Kern.

Die Mandel und der Pfirsich gehören zur gleichen Gattung, die sich durch einen behaarten Fruchtknoten von der Gattung der Zwetschge unterscheidet. Die Frucht des Pfirsichs ist weich und fleischig; bei der Mandel aber trockenhäutig und mit einer löchrigen harten Schale umgeben, und so weiter ...

Wirklich, hier haben Sie nur eine recht grobe Skizze über die Obstbäume! Immerhin, so hoffe ich wenigstens, genug Stoff für diesen Sommer. Schönen Tag, liebe Freundin.

NB Beiliegend Ihre Pflanzen zurück.
Die Pflanzenliste mit den gebräuchlichen und den lateinischen Namen. Ich rate Ihnen, nicht nur die landläufigen, sondern auch die lateinischen Namen auswendig zu lernen. Es ist der einzige Weg, sich mit Botanikern zu unterhalten, ohne langatmige Beschreibungen zu benötigen.

Nr. 1) *Saxifraga granulata – Knöllchentragender Steinbrech*
Diese Pflanze gehört in die Familie (jetzt: Steinbrechgewächse) der Rosengewächse. Ich habe sie noch nicht beschrieben. Der Kelch ist fünfzählig, fünf längliche Kronblätter, zehn Staubblätter, die Narbe ist gabelig geteilt. Der reifende Fruchtknoten bildet sich zu einer Kapsel aus mit zwei Hörnchen, die bei der Reife winzigkleine schwärzliche Sämchen ausschüttet. Die runden Blätter sind gekerbt, etwas gekerbt. Die Wurzeln sind mit rötlichen Brutknöllchen geschmückt, die oft irrtümlich als Steinbrech-Samen angesehen werden.

Nr. 2) *Veronica chamaedrys – Gamander-Ehrenpreis*
Es stimmt, es ist ein Ehrenpreis, aber nicht der Feld-Ehrenpreis (ein Vergissmeinnicht ist es nicht; dieses gehört zu den Boretschgewächsen!).

Alle Ehrenpreisarten haben unregelmäßige Blüten: vier Kronblättchen, die zuunterst verwachsen sind, eines davon ist kleiner als die drei andern. Die Frucht: eine herzförmige, flache Kapsel mit zwei Fruchtfächern. Die Samen sind größer und heller als jene vom Steinbrech.

Die Blätter des Echten Gamander (Teucrium chamaedrys) sind sehr ähnlich, deshalb der Name. Übrigens ein sicheres Merkmal, um diese Art von allen andern Ehrenpreisarten zu unterscheiden. Der Stengel und die Verzweigungen sind zweizeilig dicht behaart. Wenn Sie eine Lupe zur Hand haben, wird Ihnen sofort klar, was ich damit sagen will. Die Behaarung ist doch recht augenfällig, nicht? Aber noch kein Botaniker hat sie beschrieben.

Nr. 3) *Ranunculus acer – Scharfer Hahnenfuß*

Er gehört in eine große Familie, ist mit den Rosen eng verwandt: es sind die Hahnenfußgewächse. Ein wichtiges Merkmal der Gattung Hahnenfuß: am Nagel des Kronblatts sitzt ein schuppenähnliches Gebilde, wie ein Bläschen oder ein Täschchen. Das ist ein Nektarium oder Honigmal, so sagen die Botaniker. Und gerade dieses Merkmal hilft, um eine Hahnenfußart von einer Clematis (Waldrebe) zu unterscheiden, oder einer Anemone. Die ganze Familie weist *viele Staubblätter, viele Fruchtknoten* aus. Achten Sie genau auf den Blütenstiel: der scharfe Hahnenfuß hat einen dünnen, runden; jener vom kriechenden Hahnenfuß, der sehr häufig ist, ist gekielt.

Nr. 4) *Chrysanthemum leucanthemum – Große Margerite, Große Wucherblume*

Lesen Sie doch meinen Brief über die Großfamilie der Kompositen noch einmal durch. Nachher werden sie sogleich feststellen, dass es sich bei der Wucherblume um eine strahlenblütige Komposite handelt. Es wird Sie interessieren zu hören, dass es eine ähnliche Blume gibt, die gelb blüht. Diese wächst meistens auf Wiesen und Feldern. Die Blätter sind bläulich und fleischig. Beim Rindsauge (Buphtalmum salicifolium) sind Röhren- und Strahlenblüten goldgelb.

Nr. 5) *Anagallis arvensis – Acker-Gauchheil*

Der Kelch ist verwachsen mit fünf Spitzchen. Die Krone ist ebenfalls verwachsen, radförmig, d.h. ohne Röhre; fünf kurze Staubblätter, runde Fruchtknoten. Die Kapselfrucht ist sozusagen spielerisch von der Natur ausgestattet worden. Beim Reifen zeichnen sich längliche Streifen ab, etwa ähnlich wie bei einer Melone. Nun nimmt man doch ohne weiteres an, dass sich die Kapsel längsseits öffnen wird, um den Samen auszuschütten. Weit gefehlt! Zerdrücken Sie nämlich die Kapsel zwischen den Fingern, stellen Sie überrascht fest, dass die Öffnung quer verläuft, genau wie bei einem Seifenschächtelchen. Die Längslinien enthüllen sich als ein echter Scherz – wirklich, der Meister spielt ein Spielchen mit seinen Schülern! Acker-Gauchheil kann rot oder blau blühen.

Nr. 6) *Euphorbia ... Wolfsmilch ...*

Alle Euphorbien stoßen dickflüssigen milchigen Saft aus, bricht man Stengel oder Blattstiel. Die Milch ist heilkräftig; sie bringt Warzen zum Verschwinden. Will man Euphorbien fürs Herbar, ist es wohl am klügsten, die Pflanzen etwas welken zu lassen; die Milch trocknet rasch aus.

Viele Wolfsmilch-Arten kommen häufig vor. An ihren Blättern kann man sie am besten unterscheiden. Leider hat Ihr Exemplar keine mehr. Oder haben Sie angenommen, die merkwürdigen Teller unterhalb der Blüten seien Blätter? Bitte senden Sie mir doch nochmals ein Exemplar, dann werde ich die Art bestimmen können.

Nr. 7) *Geranium dissectum – Schlitzblättriger Storchschnabel*

Bei allen Storchenschnabelarten sind die Staubblätter rings um den Fruchtknoten verteilt, aber sie sind nicht verwachsen wie z.B. bei den Malven. Fünf Griffel, fünf längliche Fruchtblätter, die später, wenn die Samen reifen, mit einem langen Schnabel versehen sind. Die fünf Schnabelfrüchte krümmen sich bei Vollreife der Samen. Die Teile werden nur noch am äußersten Ende der Achse zusammengehalten. Wenn Sie diese elegante Form betrachten, werden Sie unwillkürlich an einen Leuchter oder eine Girlande denken. – Der schlitzblättrige Storchenschnabel, sowie Artverwandte, trägt immer zwei Blüten auf einem einzigen gegabelten Blütenstielchen.

Nr. 8) *Stellaria media – Hühnerdarm*

Einige sagen zu ihr auch Vogelmiere, weil die Samen gerne von Vögeln gefressen werden. Oft wird dieses Kraut mit Nr. 5 verwechselt (Nicht

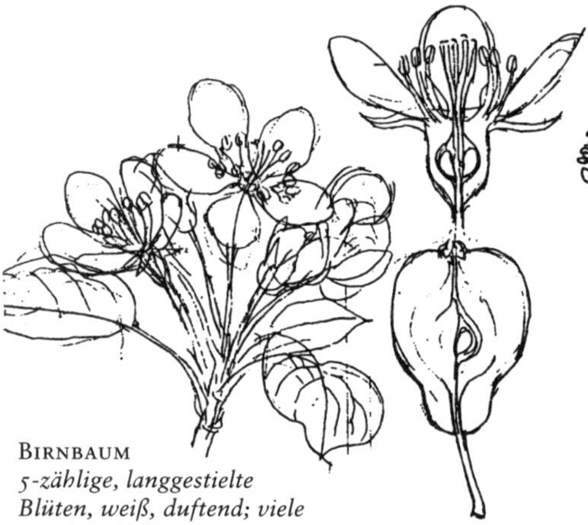

Birnbaum
5-zählige, langgestielte Blüten, weiß, duftend; viele rote Staubblätter, Frucht am Grunde verjüngt

Mehlbeerbaum
Blatt unterseits weiß filzig, einfach, doppelt gezähnt; Frucht kugelig, scharlachrot, mehlig, Kelch bleibend, sternförmig

Vogelbeerbaum
Blatt unpaarig gefiedert; viele kleine Blüten, weiß; Frucht +/– kugelig, scharlachrot

aber von den Vögeln, denn Samen vom Acker-Gauchheil sind für sie unverträglich und würden sie töten!) Obschon sich die beiden Pflanzen in verschiedener Hinsicht ähnlich sehen, unterscheiden sie sich in manchem.

Die Vogelmiere z.B. blüht immer weiß, sie hat fünf Kronblätter und drei Griffel, die Kapselfrucht ist länglich und öffnet sich an der Spitze. Der runde Stengel ist einseitig behaart. Hingegen blüht der Acker-Gauchheil blau oder rot, die Kapsel ist auch länglich, die sich aber quer in zwei Hälften teilt. Der Stengel ist kahl (d.h. unbehaart) und viereckig. Die Blattunterseite ist übrigens sehr charakteristisch: sie ist schwärzlich punktiert, jene der Vogelmiere aber nicht.

Nr. 9) *Malva neglecta – Gemeine Malve, Käslikraut*

Die Malve gibt einer recht zahlreichen Blumenfamilie den Namen: die Malvaceae oder Malvengewächse. Ein wichtiges Familienmerkmal: die Filamente (Staubfäden) sind zu einer Röhre verwachsen, die Antheren (Staubbeutel) aber nicht. (Sie erinnern sich, bei den Kompositen sind beide röhrig verwachsen!) Diese besondere Stellung der Staubblätter hat den deutschen Botaniker Crantz veranlasst, von Columniferen zu sprechen, wobei er außer den Malven auch noch die Geraniaceae (z.B. Storchenschnabel) dazuzählte.

Beachten Sie bei den Malven folgende Punkte:

1. Die einzelnen einsamigen Früchtchen sind verwachsen und bilden eine kreisrunde Scheibe.
2. Der Kelch ist bei fast allen Arten doppelt: sie haben also einen äußern und einen innern Kelch. Dieser umhüllt die fünfzählige Krone. Linné hat die Arten der Malven je nach Anzahl der Kelchblättchen unterteilt.

Ein Rat: Vielleicht ist es weniger schwierig die Merkmale der Malvaceae bei einer großblütigen Art zu untersuchen, z.B. beim rauhhaarigen Eibisch, der ja reichlich in Ihrem Garten wächst. Er gehört zwar zu einer andern Gattung als die Malve selbst, was aber nichts schadet, da Sie ja die Merkmale einer Familie untersuchen wollen. Eines würde mich sehr interessieren: Haben die Malven nach Ihrer Meinung verwachsene oder freie Kronblätter? Darüber streiten sich nämlich die Botaniker. Bitte schreiben Sie mir doch darüber.

Nr. 10) *Campanula glomerata – Büschel-Glockenblume*
Ich denke mir, dass Sie diese Glockenblume auf einer Wiese gefunden haben? Sie ist nicht die schönste ihrer Gattung. Viel hübscher ist z.B. die Straußblütige Glockenblume, die oft auch in Gärten kultiviert wird. Zwei wichtige Merkmale von den an und für sich unkomplizierten Glockenblumen: Auffällig sind die breiten Staubfäden, die den obersten Teil des Fruchtknotens bedecken, auf besondere Weise öffnet sich die Fruchtkapsel, um die reifen Samen auszuschütten. Überflüssig zu bemerken, dass alle Glockenblumen einen unterständigen Fruchtknoten haben. Solches wissen Sie schon längst, nicht wahr?!

Nr. 11) *Centaurea Jacea – Gemeine Flockenblume* [o. Kommentar]

Nr. 12) *Campanula rotundifolia – Rundblättrige Glockenblume*
Linné hat ihr diesen Namen gegeben, obschon ihre Blätter schmal und länglich sind. Folgen Sie aber dem langen und dünnen Stengel bis zum Wurzelansatz, finden Sie die beiden ältesten Blätter (man nennt diese die grundständigen Blätter) und diese sind rund!

Nr. 13) *Leontodon hirsutum? – Behaarter Löwenzahn?*
Ich frage mich, ob es wirklich diese Art ist, da ich nur einfache Haare feststellen kann und nicht gegabelte, wie es zu dieser Art gehört.

Nr. 14) *Scabiosa columbaria – Tauben-Krätzkraut*
Es stimmt, es ist die Scabiosa columbaria, doch gehört sie nicht in die Familie der Kompositen. Untersuchen Sie noch einmal die Staubblätter und Sie werden feststellen, dass vier davon oben nicht verwachsen sind.

Skabiosen gehören zu den Kardengewächsen.

Nr. 15) *Medicago lupulina – Hopfenklee*
Dieses saftige Kraut gehört in die gleiche Gattung wie die Luzerne, die Ihnen ja sehr wohlbekannt ist.

Nr. 16) *Campanula glomerata – Büschel-Glockenblume*
Dieselbe Art wie Nr. 10 – Nur hat dieses Exemplar eine einzige Blüte, anstatt deren viele. Ein Zufall, dass hier kein knäueliger Blütenstand vorkommt.

Nr. 17) *Saponaria officinalis – das Gebräuchliche Seifenkraut*

Nr. 18) *Daucus carota – die wilde Möhre*

Von der gemeinen Mohrrübe habe ich Ihnen letzthin eine Dolde in einem Brief geschickt.

Nr. 19) *Dactylis glomerata – Knäuelgras*

Diese Pflanze gehört in die große Familie der Gräser, der Gramineen. Wenn Sie mehr darüber wissen wollen, fragen Sie Ihre Schwester, meine Tante Julia!

Nr. 20) *Holcus lanatus – Wolliges Honiggras*

Gehört auch zu den Gräsern wie Nr. 19

Nr. 22) *Achillea millefolium – Gemeine Schafgarbe*

Die Gemeine Schafgarbe wird zu den Körbchenblütlern gezählt.

Nr. 21) *Lotus corniculatus – Gehörnter Schoten- oder Hornklee*

Sehen Sie sich einmal die Hülsen an und Sie wissen sofort, weshalb er diesen Namen trägt!

(NB Leider bemerke ich eben erst, dass ich die beiden Nummern verwechselt habe.)

Nr. 23) *Galium verum – das echte Labkraut*

Nr. 24) *Galium mollugo – das gemeine Labkraut*

Nr. 25) *Melissa nepéta? Mentha Pulegium?*

Nr. 26) *Heracleum Sphondylium? – Wiesen-Bärenklau oder Jurassischer Bärenklau?*

Nr. 27) *Filipendula Ulmaria? Moor-Spierstaude?*

Es ist nicht schwierig herauszufinden, ob es sie wirklich ist: Im Herbst, wenn Sie sie ausreißen, sehen Sie erbsengroße Knöllchen an den feinen Würzelchen hängen.

Nr. 28) *Polygonum orientale – Östlicher Knöterich*

Diese Pflanze ist nicht einheimisch. Wo haben Sie sie gefunden? Sicher nicht draußen auf freiem Feld!

Nr. 29) *Linaria vulgaris – Gewöhnliches Leinkraut*

Nr. 30) *Borago officinalis – Boretsch*

Wie denn, kennt meine Freundin den Boretsch nicht?!

ACHTER BRIEF

den 11. April 1774 (?)

Dem Himmel sei Dank, Teure, Sie sind wieder gesund! Da ich weder von Ihnen etwas hörte noch von Herrn G., den ich doch inständig gebeten hatte, mir gleich nach seiner Ankunft zu schreiben, war ich wirklich besorgt. Wie grausam empfindet man doch dieses bedrückende Stillschweigen; Unruhe und Bangen werden immer größer, und man ist auf das Allerschlimmste gefasst! – Aber jetzt, jetzt habe ich schon meinen Schmerz vergessen, und ich kann und will mich nur noch über Ihre Genesung freuen. Der Frühling, das weniger häusliche Leben in Fourvière, die Freude darüber, wieder die schönste und sinnvollste Tätigkeit ausüben zu dürfen, werden dazu beitragen, dass Sie bald wieder zu Kräften kommen. Auch wird die vorübergehende Abwesenheit Ihres Gatten Sie nicht allzusehr betrüben, da er Ihnen doch anvertraut hat, was ihm lieb und teuer ist, und dies alles verlangt Ihre tagtägliche Fürsorge.

Darf ich Sie an meine Bitte erinnern? Würden Sie bitte von meinem Konto die jährliche Rente für meine Tante Goncerut abheben und ihr den Betrag überbringen lassen? Er ist das Zeichen meiner Dankbarkeit und meiner Zuneigung. Falls Ihr Gatte bald vorbeikommt, werde ich ihn bitten, diesen Auftrag zu erledigen. Ich möchte aber vermeiden, noch länger damit zu warten. Wenn Ihr Gatte verhindert ist, nennen Sie mir doch eine Vertrauensperson. Meine gute Tante darf nicht mehr länger darauf warten.

Die Erde beginnt zu grünen, die Bäume schlagen aus, die Blumen entfalten sich. Wahrhaftig, schon hat es solche, die verblüht sind: Keinen Augenblick mehr des Zauderns und Zögerns, sonst verlieren wir wieder ein ganzes Jahr, und unsere Botanik hat das Nachsehen. Ich beginne deshalb ohne Umschweife.

Leider haben wir bis jetzt allzu theoretisch botanisiert, und meine Befürchtungen haben sich bewahrheitet. Was das Schlimmste ist: Wir haben es unterlassen, unsere Kenntnisse an bestimmten Objekten zu schulen und zu erweitern. Ich beklage diesen meinen Fehler. In diesem Zusammenhang denke ich an meine Beschreibung der Doldengewächse. Hätte ich doch gleich damit begonnen, Ihnen frische Exemplare zu zeigen! Wieviel Mühe und Arbeit wäre Ihnen erspart geblieben.

Und nun haben Sie sich mit einem imaginären Objekt herumschlagen müssen, und ich mit schwierigen Beschreibungen. Aber die große Entfernung zwischen Ihrem und meinem Wohnort verunmöglicht es, Sie im Garten, draußen in Feld und Wald herumzuführen und Sie zu unterrichten, was ich von Herzen gern tun würde. Wir werden uns also damit behelfen müssen, dass wir eine Pflanzenart auswählen und sie zu beschreiben versuchen, *genau das, was wir vor uns sehen*. Vielleicht werden wir uns auf diese Weise recht gut verstehen. Die größte Schwierigkeit liegt in der Tatsache, dass Sie ganz auf sich selbst gestellt jeweils die Pflanze pflücken müssen. Denn es wäre sinnlos, Ihnen getrocknete Exemplare zu schicken.

Um Gestalt und Form einer Pflanze wirklich erfassen zu können, muss man sie unbedingt zuerst an ihrem Standort gesehen haben. Die Herbarien sind als Gedächtnisstützen sehr dienlich, also um schon Bekanntes wieder aufzufrischen; hat man aber die Pflanzen nie in frischem Zustand gesehen, sind sie nach meiner Meinung recht unnütz. Sie sehen, Liebe, es ist nun an Ihnen, mir jene Pflanzen zu schicken, die Sie kennenlernen möchten. Um eines aber bitte ich: Pflücken Sie sie selber! Nachher ist es an mir, sie zu bestimmen, zu benennen, einzuordnen und zu beschreiben. Ich werde dies solange tun, bis Sie durch diese vergleichende anschauliche Methode selber imstande sind einzuordnen, zu bestimmen, zu benennen. Diese Kenntnis, dieses Wissen unterscheidet einen echten Botaniker von einem simplen Kräuterkenner oder ‹Nomenklateur›. Notwendig ist nun zu lernen, wie Pflanzen präpariert werden, wie man sie trocknet, wie man sie aufbewahrt, damit sie dennoch leicht zu erkennen sind. Kurz, ich mache Ihnen den Vorschlag, ein Herbar anzulegen. Welch große Aufgabe für unsere zukünftige kleine Botanikerin! Vorläufig aber müssen Ihre geschickten Hände ihre noch unbeholfenen kleinen ergänzen und unterstützen.

Bevor wir anfangen können, benötigen wir folgende Sachen: und zwar etwa 50 Bogen graues Papier, ebenso viel weißes, gutgeleimtes und nicht zu dünnes, genau von der gleichen Größe; ohne das letztere würden die Pflanzen verfaulen, auch bleichen die Blütenfarben weniger nach. Auf diese Weise bewahren die Pflanzen Form und Farbe besser, was doch viel angenehmer für das Auge ist. Wünschenswert wäre, wenn Sie sich eine Presse anschaffen würden in der Größe der Herbarbogen; falls Sie es vorziehen, nur zwei gleich große Holzbretter zu verwenden, müssen die Bogen mit den zu trocknenden, den zu pressenden Pflanzen dazwischengelegt werden, und auf das obere Brett legen Sie irgendwelche schweren Gegenstände, z.B. Steine, Briefbeschwerer usw. Nach diesen Vorbereitungen müssen Sie folgendermaßen vorgehen, damit die Pflanzen gut konserviert und kenntlich bleiben:

Für das Herbar ist es am günstigsten, wenn die Pflanze in voller Blüte steht, noch besser wenn schon einige verwelkt sind, so dass schon die Früchte sichtbar werden. Zu diesem Zeitpunkt sind alle fruchtbildenden Bestandteile gut wahrzunehmen. Pflanzen in diesem Stadium zu trocknen, zu herbarisieren, ist von großem Vorteil!

Kleine Pflanzen pflückt man ganz, also mit allem was dazu gehört, d.h. auch mit den Wurzeln. Diese werden mit einem Bürstchen gut gereinigt, damit keine Erdkrumen daran hängen bleiben. Natürlich kann man sie auch waschen. Da die Erde meistens noch etwas feucht und schwer ist, lässt man sie am besten etwas antrocknen, bevor man sie wegbürstet oder abspült. Die Pflanze selbst muss gut trocken sein, darauf muss man sehr sorgfältig achten, bevor sie zwischen die Papiere gelegt wird. Sie würde sonst unvermeidlich verfaulen, und diese Fäulnis würde sogar auf die andern Herbarpflanzen übergreifen. Nur wenn die Wurzeln durch besondere Eigenschaften auffallen, müssen sie auch konserviert werden. Am häufigsten gibt es faserige und verästelte. In diesem Fall lohnt es sich kaum, sie auch aufzubewahren. Offenbar hat die Natur bei den Pflanzen nur jene Teile mit leuchtenden Farben und eleganten Formen ausgestattet, die unser Auge unmittelbar erfreuen. Den Wurzeln aber hat sie lediglich nützliche Funktionen zugewiesen, denn, versteckt in der Erde wie sie sind und ohne gefällige Gestalt, wäre das nicht Licht unter den Scheffel stellen?

Von den Bäumen und allen größeren Pflanzen nimmt man selbstverständlich nur Teilstücke. Wesentlich ist aber, solche auszuwählen, die die wichtigen Merkmale aufzeigen. Das ist der einzige Weg, eine Pflanze sicher erkennen und bestimmen zu können. Es genügt z.B. nicht, nur die Blüte mit den Fortpflanzungsorganen zu wählen. Das Charakteristische des *Blattwerks* und *dessen Verzweigung* muss gut sichtbar sein, und zwar ist es nötig, die Ansatzstellen von Blatt und Zweig zu sehen, vielleicht auch eine Knospe, ja sogar noch einen Stengelteil, wenn es irgendwie möglich ist. Liebe Freundin, Sie werden bald mit mir einig gehen: *Werden diese Punkte berücksichtigt, ist es sehr viel leichter, die einzelnen Arten zu unterscheiden, denn in vielen Fällen sind Blüte und Fruchtbildung vollkommen ähnlich.*

Sind die Zweige zu dick verholzt, muss man versuchen, ein Stück vom innern Teil geschickt wegzuschneiden, soviel wie möglich, ohne aber die Rinde zu verletzen. Besonders geduldige Botaniker lösen zuerst die Rinde eines Zweigs ab, um dann mit geübten Fingern den Holzteil zu entfernen; nachher fügen sie die Rinde wieder zusammen, genau so, als wäre noch der intakte Zweig da! Dieser Kunstgriff macht es möglich, den Umfang eines Herbars zu reduzieren; auch vermeidet man damit Buckel und Höcker, die es verunstalten würden, und dazu bleiben die Pflanzen sehr schön gepresst. Bei Pflanzenarten, deren Blätter und Blüten sich nicht gleichzeitig entfalten, oder die örtlich zu weit voneinander entfernt sind, pflückt man am besten einen Zweig mit Blüten und einen mit Blättern. Beide werden auf denselben Bogen Papier gelegt, so dass mit einem Blick die verschiedenen Pflanzenteile erfasst werden können. Wenn Sie eine unbekannte Pflanze finden, die schon Blätter entwickelt hat, aber noch keine Blüten, ist es klüger abzuwarten, bis sie unverhüllt ihr Gesicht zeigt. An den Blättern allein kann man keine erkennen, noch weniger als einen Menschen an seiner Kleidung!

Noch ein Hinweis, wie man beim Pflücken vorgehen sollte.

Sehr wichtig ist es, den richtigen Zeitpunkt zu wählen. Zum Beispiel halten sich Pflanzen überhaupt nicht, wenn sie nach dem morgendlichen Taufall, bei abendlicher Feuchtigkeit oder an einem Regentag gepflückt wurden. Unbedingt nötig ist also trockenes Wetter, ja sogar die trockenste Stunde des Tages, d.h. in unserer Gegend sommers zwischen elf Uhr morgens und fünf oder sechs Uhr abends. Stellt man dennoch die allermindeste Feuchtigkeit fest, lässt man die Pflanze mit Vorteil noch stehen, denn sie würde unweigerlich verderben.

Achten Sie ja darauf, dass der Ort, wo all die Papiere fürs Herbar aufbewahrt werden, stets trocken ist. Wenn Sie nun Ihre ‹Beute› haben, beginnen Sie mit der recht mühseligen Arbeit des Ordnens und Einlegens. Zuerst nehmen Sie zwei Bogen vom grauen Papier und einen Bogen weißes. Auf diesem richten Sie nun die Pflanze zurecht, mit größter Sorgfalt, damit alle wichtigen Organe, vor allem Blätter und Blüten, offen und natürlich ausgebreitet sind.

Übrigens eignet sich eine etwas welke Pflanze besser dafür. Die besten Werkzeuge sind immer noch Finger und Daumen! Es gibt besonders widerspenstige Exemplare darunter; kaum hat man sie auf der einen Seite zurechtgebogen, zurechtgelegt, richten sie sich auf der andern wieder auf. Um diesem widrigen Umstand abzuhelfen, habe ich stets Bleisiegel, Briefbeschwerer, große und kleine Münzen zur Hand. Damit beschwere ich jene Teile der Pflanze, die ich schon zurechtgerückt habe, um nachher mühelos die andern in die richtige Stellung zu bringen. Häufig kommt es vor, dass die Pflanze mit all diesen verschiedenen Dingen beinahe zugedeckt ist. Dieses Mittel ist recht zweckmäßig: alles bleibt an Ort und Stelle, genau so, wie man es sich wünscht. Wie geht es weiter? fragen Sie mit Recht. Nun, Sie nehmen den zweiten weißen Bogen, legen ihn auf die Pflanze und mit der rechten Hand nehmen Sie alle Münzen, Bleisiegel etc. weg. Mit der linken Hand achten Sie darauf, damit die Pflanze nicht aus ihrer Stellung verrutscht. Nachdem legen Sie wieder einen grauen Papierbogen darauf, dann einen weißen und jetzt beginnen Sie von vorne, pressen eine andere Pflanze auf genau die gleiche Weise usw. usw., bis die heimgebrachte Ernte vollständig geordnet und eingelegt ist. Nicht wahr, Liebe, Sie gehen mit mir einig, die Ernte darf nie umfangreich sein! Einerseits vermeidet man allzugroße Arbeit, andrerseits würden die Pflanzen während des Trocknens allzuviel Feuchtigkeit abgeben, die Papiere würden sich verziehen, und die ganze Prozedur wäre vergeblich gewesen und müsste noch einmal gemacht werden. Übrigens kann es vorkommen, dass entweder das graue oder das weiße Papier ausgewechselt werden muss, damit die Pflanzen wirklich gut trocknen und richtig liegen.

Der ganze Stoß von Pflanzen und Papieren wird nun gut gepresst, da sonst das Ganze immer wieder auseinanderklaffen würde. Die Erfahrung wird Sie lehren, welche man besonders gut und welche man weniger pressen muss. Endlich sind die Pflanzen trocken, dann legen Sie sie fein säuberlich zwischen je ein gefaltetes Blatt Papier; ein Zwischenblatt ist nicht mehr nötig. Da hätten Sie also Ihr Herbar gut begonnen, das Sie nach Ihren Wünschen immer mehr erweitern können und zwar in dem Maße wie Ihre Pflanzenkenntnis, das dürfen Sie mir glauben, Liebe. Welch beglückende Vorstellung, Sie werden zu guter Letzt die gesamte Vegetation Ihrer Gegend überblicken! Noch etwas muss beachtet werden: Das Herbar sollte immer fest zusammengebunden sein, da sonst die Pflanzen wieder zu bocken anfangen, weil sie wieder Feuchtigkeit anziehen.

Wirklich, ich höre Sie seufzen ‹weshalb eine so mühselige Arbeit?› und ich antworte Ihnen: Weil Sie eine gute Botanikerin werden wollen und auch, damit wir uns gut verstehen, wenn wir über Pflanzen plaudern, nicht wahr?

Zukünftig sollten Sie immer zwei Exemplare von jeder Pflanze pflücken; das größere behalten Sie, das kleinere schicken Sie mir zu. Bitte vergessen Sie nicht, jede Pflanze sorgfältig zu numerieren, und zwar so, dass die Nummern beim großen und kleinen Exemplar übereinstimmen. Lassen Sie sie mir gelegentlich zukommen, wenn Sie ein oder zwei Dutzend herbarisiert haben, am besten wohl in einem kleinen Heft. Dann teile ich Ihnen die Namen der Pflanzen mit, lege jeweils eine Beschreibung dazu und mittels der Nummerierung werden Sie die Pflanze in Ihrem Herbar wiedererkennen. Und wenn Sie spazieren gehen, werden Sie beglückt allen wieder begegne, im Feld, im Wald, am Wegrand, am Bachufer, genau an jenem Ort, wo Sie begonnen haben, sie alle mit offenen Augen zu betrachten. Dieser Weg ist der sicherste, um gute und schnelle Fortschritte zu machen, auch ohne Lehrer in der Nähe. Schönen guten Tag, Liebe.

NB Ich habe vergessen zu bemerken, dass das gleiche Papier mehrmals gebraucht werden kann, nur muss es gut durchlüftet und trocken sein. Und noch etwas: Es ist nötig, das Herbar an einem sehr trockenen Ort im Hause aufzubewahren, also besser im ersten Stock als im Erdgeschoß. Übrigens war es richtig, Ihnen die Nomenklatur von Linné vorzuschlagen. Eben wurde sie – wie ich es vorausgesehen habe – vom Direktor des Königlichen Botanischen Gartens in Paris gebilligt; in wenigen Jahren wird man keine andere in Frankreich anerkennen, und sie wird auch in allen andern europäischen Ländern akzeptiert sein.

Etwas viel Botanik, nicht? Erlassen Sie mir deshalb, auch noch auf Ihre Einwände die Obstbäume betreffend einzugehen. Ich weiß, Gärtner und Züchter sehen in den Sorten verschiedene Arten. Sie irren sich, indem sie auch die Eigenschaften des Holzes und der Blätter als Unterscheidungsmerkmal nehmen, anstatt nur die Frucht allein. Wäre dieser Standpunkt richtig, müssten sie eingestehen, dass Schwarze und Weiße, Blonde und Braune verschiedene Arten von Menschen sind, demzufolge ein jeder seinen eigenen Adam hat! Der Rest für ein anderes Mal. Guten Tag.

DAS HERBAR

Dieses ‹herbier mignon› wurde 1770 von Jean-Jacques Rousseau für Julie Boy de la Tour angefertigt. Maße: 97 × 187 × 264 mm. Inhalt: 101 Pflanzen, aufgelistet und kommentiert.

Im Besitz der Zentral- und Universitätsbibliothek Zürich seit 1833, geschenkt von Henri Faesy, Schwiegersohn von Julie Willading, geb. Boy de la Tour.

Abb.: Herbarschachtel mit Sanikelblatt

Ceci est le dessus.

Herbarschachtel mit gebündeltem Herbar

Ganzseitige Farbabbildungen:

Kleine Farbabbildungen:

Nummerierung und Bildlegenden entsprechen der originalen Herbarliste.

Noms des Plantes
contenues dans l'herbier ci-joint
et indiquées par leur numero correspondant.

1. Veronique des champs.
2. Veronique des Guerets.
3. Petit Souchet brun.
4. Panis Sanguin.
5. Erbin annuel.
6. Erbin bulbeux.
7. Amourettes tremblantes.
8. Dactylis glomerata.
9. Perce-pierre angloise.
10. Cuscute. :. Cette plante est parasite et croit sur d'autres plantes, comme le Thym, les Orties, la Luserne, où la cuscute a l'air d'une touffe de cheveux. C'est cependant une véritable plante qui a ses fleurs et sa graine. On voit les fleurs, qui sont blanches, dans l'échantillon ci-joint.
11. Sagine rempante.
12. Oeil de Perdrix. Cette plante a perdu ici la jolie couleur de ses petites fleurs qui sont bleues avec un centre jaune, et même celle de ses feuilles. On l'appelle en Allemagne, ne m'oubliez pas, à cause de sa mignardise et de sa petitesse.
13. Pulmonaire à feuille étroite.
14. Rapette commune. Le rameau a été attaché sens dessus dessous par inadvertance, et je suis retombé cinq ou six fois dans la même étourderie.

2. *Veronica arvensis* L.
Feld-Ehrenpreis

5. *Poa annua* L.
Einjähriges Rispengras

12. *Myosotis scorpioides* L.
Sumpf-Vergissmeinnicht

18. *Convulvulus arvensis* L.
Acker-Winde

23. *Solanum dulcamara* L.
Bittersüßer Nachtschatten

24. *Rhamnus frangula* L.
Faulbaum, Pulverholz

25. *Vincetoxicum hirundaria* Med.
Schwalbenwurz

26. *Sanicula officinalis* L.
Sanikel, Heilkraut

32. *Scilla bifolia* L.
Blaustern

36. *Erica cinerea* L.
Graue Glockenheide

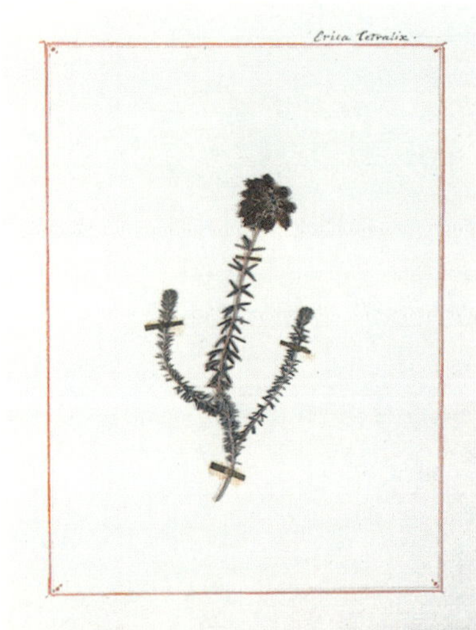

37. *Erica tetralix* L.
Moor-Glockenheide

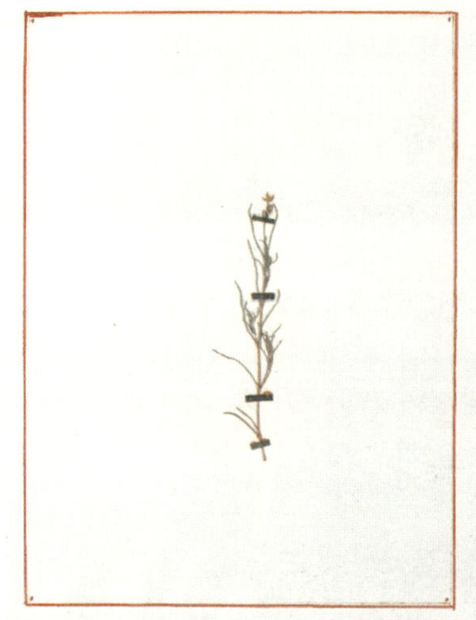

38. *Moehrigina muscosa* L.
Moos-Nabelmiere

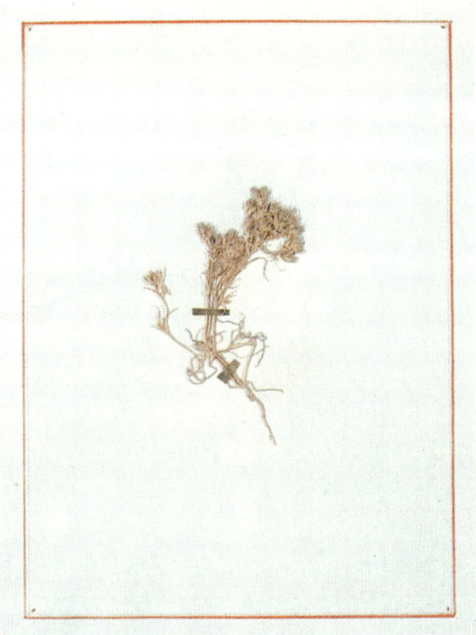

44. *Scleranthus annuus* L.
Einjähriger Knäuel

45. *Petrorhagia saxifraga* L.
Steinbrech-Felsennelke

46. *Saponaria vaccaria* L.
Feld-Seifenkraut

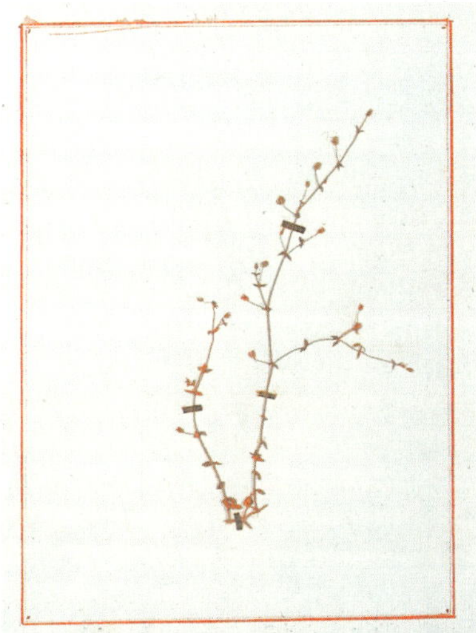

49. *Arenaria serpyllifolia* L.
Quendel-Sandkraut

Spergula arvensis

54. *Rosa eglanteria* L.
Wein-Rose

67. *Ballota nigra* L.
Schwarznessel

78. *Malva neglecta* L.
Gemeine Malve, ‹Käslikraut›

90. *Viola alba? sylvestris?*
Weißes Wald-Veilchen?

94. *Humulus lupulus* L.
Hopfen, männliche Pflanze

95. *Humulus lupulus* L.
Hopfen, weibliche Pflanze

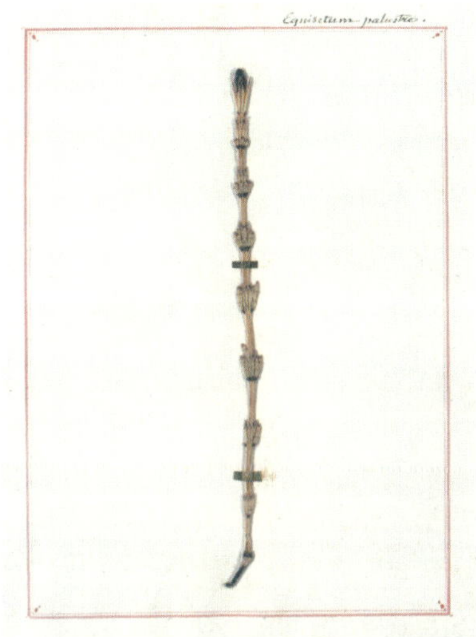

98. *Equisetum palustre* L.
Sumpf-Schachtelhalm

99. *Ophioglossum vulgatum* L.
Natternzunge

Petit Herbier pour Mademoiselle Julie Boy-de-la-Tour [*Abb.]

1. *Veronica agrestis* L. – Acker-Ehrenpreis
2. *Veronica arvensis* L. – Feld-Ehrenpreis*
3. *Cyperus fuscus* L. – Schwarzbraunes Cypergras
4. *Panicum sanguinale* L. – Bluthirse
5. *Poa annua* L. – Einjähriges Rispengras*
6. *Poa bulbosa* L. – Knolliges Rispengras
7. *Briza media* L. – Zittergras*
8. *Dactylis glomerata* L. – Knäuelgras
9. *Alchemilla arvensis* Scop. – Acker-Frauenmantel
10. *Cuscuta europaea* L. – Nessel-Seide

    «Diese Pflanze schmarotzt auf andern Pflanzen, wie z.B. auf Thymian, Brennessel, Luzerne, und es sieht fast so aus als trügen sie Haarbüschel! Sie ist aber eine echte Pflanze, die richtige Blüten und Samen ausbildet. Auf dem beiliegenden Herbarexemplar sind die weißen Blüten erkennbar.»
11. *Sagina procumens* L. – Gemeines Mastkraut
12. *Myosotis scorpioides* L. – Sumpf-Vergissmeinnicht*

    «Bei dieser Pflanze ist leider die Farbe der Blüten verblichen. Diese sind sehr klein, hübsch hellblau mit einer goldenen Mitte. In Deutschland nennt man diese Blume ‹Vergessen-Sie-Mich-Nicht›, wahrscheinlich, weil sie so winzig und etwas schäbig aussieht.»
13. *Pulmonaria angustifolia* L. – Schmalblättriges Lungenkraut
14. *Asperugo procumbens* L. – Niederliegendes Scharfkraut

    «Aus Unachtsamkeit habe ich das Pflänzchen verkehrt aufgeklebt, was mir leider ein paarmal passiert ist.»
15. *Primula eliatior* L. – Wald-Primel, Schlüsselblume*
16. *Primula vulgaris* L. – Schaftlose Schlüsselblume
17. *Anagallis tenella* L. – Zarter Gauchheil
18. *Convulvulus arvensis* L. – Acker-Winde*
19. *Campanula hybrida var.* – Glockenblume
20. *Hyoscyamus niger* L. – Bilsenkraut
21. *Solanum pseudo-capsicum L.* – Korallenkirsche

    «Kleiner Strauch mit kleinen rostroten Früchtchen, einer Kirsche sehr ähnlich; er steht recht häufig in Töpfen vor den Läden der Apotheker.»
22. *Solanum nigrum* L. – Schwarzer Nachtschatten

23. *Solanum dulcamara* L. – Bittersüßer Nachtschatten*
24. *Rhamnus frangula* L. – Faulbaum, Pulverholz*
25. *Vincetoxicum hirundaria Med.* – Schwalbenwurz*
26. *Sanicula officinalis* L. – Sanikel, Heilkraut*
27. *Anthriscus caucalis MB.* – Esels-Kerbel
28. *Corrigiola litoralis* L. – Hirschsprung*

«Dieses kleine Pflänzchen wächst gern auf sandigem Boden und an Flussufern; ich habe aber den Hirschsprung auch auf dem Mont Pila gefunden und zwar ganz oben.»

29. *Linum catharticum* L. – Purgier-Lein*

«Ein kleines Kraut, das häufig auf Wiesen vorkommt, wo es den weidenden Pferden oft zwischen den Zähnen hängen bleibt, was den Tieren sehr lästig ist.»

30. *Drosera rotundifola* L. – Rundblättriger Sonnentau*
31. *Narcissus tazzeta* L. – Tasseta-Narzisse
32. *Scilla bifolia* L. – Blaustern*
33. *Hyacinthus ...* – Hyazinthe
34. *Rumex acetosella* L. – Sauer-Ampfer
35. *Colchicum autumnale* L. – Herbst-Zeitlose*

«Blüht erst im Spätherbst; die wunderschöne helllila Blüte sprießt direkt aus dem Erdboden; sie ist stengellos, was besonders reizvoll ist. Feuchte Wiesen sind oft übersät mit diesen Blumen. Hingegen kann man Blätter und Früchte erst im darauf folgenden Frühjahr sehen. Blüten und Blätter zeigen sich also nie gleichzeitig.»

36. *Erica cinerea* L. – Graue Glockenheide*

«Es ist nicht die Gewöhnliche Glockenheide. Sie wächst auch in unsern Wäldern und ist kaum seltener als die andere.»

37. *Erica tetralix* L. – Moor-Glockenheide*

«Diese Art ist viel weniger häufig. Die Stellung der vier nadelförmigen Blättchen ist natürlich, nicht wie beim vierblättrigen Klee, der oft nur zufällig diese Viererzahl aufweist. Diese Glockenheide unterscheidet sich sehr deutlich von den andern ihrer Gattung.»

38. *Moehrigina muscosa* L. – Moos-Nabelmiere*
39. *Polygonum persicaria* L. – Pfirsichblättriger Knöterich
40. *Polygonum aviculare* L. – Vogel- Knöterich
41. *Fagopyrum esculentum* Moench – Buchweizen
42. *Adoxa moschatellina* L. – Moschus- oder Bisamkraut*
43. *Pyrola minor* L. – Kleines Wintergrün

«Kommt sehr häufig in Môtiers vor, z.B. auf dem Weg nach Pierre-nou.»

44. *Scleranthus annuus* L. – Einjähriger Knäuel*
«Dieses Kräutlein kommt häufig auf Feldern und Äckern vor, doch wenige kennen es, nicht einmal die Botaniker.»

45. *Petrorhagia saxifraga* L. – Steinbrech-Felsennelke*

46. *Saponaria vaccaria* L. – Feld-Seifenkraut*

47. *Silene cucubalus* L. – Gemeines Leimkraut
«Der Richter Clerc aus Neuchâtel nannte diese Pflanze ‹Lieber-Gott-Manschetten›.»

48. *Stellaria holostea* L. – Großblumige Sternmiere*

49. *Arenaria serpyllifolia* L. – Quendel-Sandkraut*

50. *Spergula arvensis* L. – Acker-Spark, Spörgel*

51. *Reseda lutea* L. – Gelbe Reseda

52. *Euphorbia cyparissias* L. – Zypressen-Wolfsmilch

53. *Euphorbia peplus* L. – Garten-Wolfsmilch

54. *Rosa eglanteria* L. – Wein-Rose*
«Das ist nicht die gewöhnliche Hagrose. Diese Art duftet ausgesprochen angenehm, auch die Blätter; die Engländer kultivieren sie sogar in ihren Gärten»

55. *Potentilla anserina* L. – Gänse-Fingerkraut

56. *Helianthemum nummularium* L. – Gemeines Sonnenröschen

57. *Potentilla argentea* L. – Silber-Fingerkraut

58. *Potentilla reptans* L. – Kriechendes Fingerkraut*

59. *Ranunculus auricomus* L. – Gold-Hahnenfuß
«Kommt in den Wäldern vor und blüht kurz nach Frühlingsbeginn.»

60. *Ranunculus aquatilis* L. – Wasser-Hahnenfuß*

61. *Hepatica nobilis* Schreber – Leberblümchen*

62. *Anemone nemerosa* L. – Busch-Windröschen

63. *Ajuga genevensis* L. – Genfer Günsel

64. *Teucrium scorodonia* L. – Wald-Gamander
«Zerriebene Blätter riechen stark nach Knoblauch»

65. *Thymian var.* – Thymian var.

66. *Mentha aquatica var.* – Bach-Minze var.
«Die echte Bach-Minze hat größere Blätter, die weniger behaart sind.»

67. *Ballota nigra* L. – Schwarznessel*
«Die sehr hübschen Blüten sind leider ganz verblasst. Die Schwarznessel stinkt ganz scheußlich.»

68. *Marrubium vulgare* L. – Andorn

«Blätter vom Andorn zerrieben, duften angenehm nach Reinette-Apfel.»

69. *Melissa officinalis* L. – Gebräuchliche Melisse

«Dieses Exemplar habe ich draußen im Feld gepflückt, deshalb sind die Blätter weniger groß als diejenigen, die in Gärten kultiviert werden. Aber es handelt sich um dieselbe Pflanzenart.»

70. *Linaria cymbalaria* L. – Mauer-Leinkraut, Zimbelkraut
71. *Linaria vulgaris* L. – Gemeines Leinkraut
72. *Alyssum creticum* L. – Kretisches Steinkraut
73. *Iberis amara* L. – Acker-Bauernsenf
74. *Rorippa sylvestris* L. – Wilde Sumpfkresse
75. *Eruca sativa* Mill. – Ruke
76. *Erodium cicutarium* L. – Gemeiner Reiherschnabel*
77. *Geranium robertianum* L. – Ruprechtskraut

«Erodium und Geranium sind Gattungen der Storchenschnabelgewächse (Geraniaceae)».

78. *Malva neglecta* L. – Gemeine Malve, ‹Käslikraut›*
79. *Fumaria officinalis* L. – Gebräuchlicher Erdrauch*
80. *Polygala vulgaris* L. – Gemeine Kreuzblume
81. *Coronilla varia* L. – Bunte Kronwicke
82. *Tetragonolobus maritimus* L. – Gelbe Spargelerbse*
83. *Helichrysum stoechas* L. – Kleine Immortelle
84. *Inula conyza* L. – Gemeine Dürrwurz
85. *Senecio jacobea* L. – Jakobs-Kreuzkraut
86. *Inula britannica* L. – Wiesen-Alant
87. *Chrysanthemum var.* – Wucherblume, Margerite
88. *Anthemis cotula* L. – Stinkende Hundskamille
89. *Achillea millefolium* L. – Gemeine Schafgarbe
90. *Viola alba? sylvestris?* – Weißes Wald-Veilchen?*
91. *Viola canina* L. – Hunds-Veilchen

«Diese Veilchenart wird hin und wieder mit dem Wohlriechenden Veilchen verwechselt. Die Hunds-Veilchenblüte ist aber viel blasser.»

92. *Amaranthus lividus* L. – Grüner Fuchsschwanz

93. *Castanea sativa* Mill. – Edelkastanie

«Die Edelkastanie muss man an ihren Blättern erkennen; sie ist die allerschönste unter den einheimischen Bäumen.»

94. *Humulus lupulus* L. – Hopfen, männliche Pflanze*

95. *Humulus lupulus* L. – Hopfen, weibliche Pflanze*

96. *Taxus baccata* L. – Eibe, blühend, männliche Pflanze

97. *Atriplex hastata* L. – Spieß-Melde

98. *Equisetum palustre* L. – Sumpf-Schachtelhalm*

99. *Ophioglossum vulgatum* L. – Natternzunge*

«Dieser Farn wird oft auch ‹Ohne-Naht-Gras› genannt.»

100. *Trichomanes speciosum* Willd. – Europäischer Dünnfarn

101. *Plocamium coccineum* – Rotalge*

«Wie mir scheint ist die vorliegende Pflanze irgend ein ‹Seegras› als Beispiel, was u.a. im Meer wächst. Man weiß heutzutage, dass Korallen, Schwammtiere und Madreporen nicht pflanzlich sind, sondern dem Tierreich angehören, vermutlich zu den Polypen.»

Julie-Anne-Marie Boy de la Tour-Roguin (1715–1780), Mutter der beiden Töchter Madeleine und Julie, große Gönnerin Rousseaus, führte nach dem Tod ihres Mannes die Bankgeschäfte in Lyon.

1762, nach Rousseaus Verbannung aus Frankreich und seiner Flucht in die Schweiz, verschaffte sie dem Flüchtling und seiner Lebensgefährtin Thérèse als Unterkunft ein Bauernhaus in Môtiers im Val de Travers; auf Rousseaus Wunsch auch die berühmt-berüchtigte Armeniertracht, die er während seinen Exiljahren meistens getragen hat. Sie verwaltete zudem seine Ersparnisse.

Zurück in Frankreich besuchte Rousseau als gern gesehener Gast die Familie in Lyon.

Madeleine-Catherine Boy de la Tour (1747–1816), ältere Schwester von Julie, mit Etienne Delessert verheiratet, und Rousseaus ‹tante Madelon› oder ‹chère Cousine› ist die Empfängerin der ‹Lettres élémentaires sur la botanique›, die er auf ihren Wunsch für ihr Töchterchen Madelon verfasst hat. Die Briefe wurden erst nach Rousseaus Tod veröffentlicht.

Diese Einführung ins Pflanzenbestimmen, die sich nicht der lateinischen, sondern der Umgangssprache bediente, leitete eine neue Epoche ein, und zwar jene populär wissenschaftlich geschriebener Literatur. Dank anschaulichen Beschreibungen und klarem Aufbau, dank ihrer erfrischenden Heiterkeit, wurden sie nicht nur in Frankreich, sondern in ganz Europa von vielen gelesen und befolgt. Die ‹scientia amabilis›, das Reich der Pflanzen, war nun an allen Interessierten zugänglich, niemand war mehr ausgeschlossen, jeder und jede konnte sich mit Lust botanische Kenntnisse erwerben, allen war es möglich, ihre Freude an Gräsern, Blumen, Sträuchern und Bäumen mit dieser Anleitung zu vertiefen.

Julie Boy de la Tour (1751–1826), – Rousseau nannte sie liebevoll ‹tante Julie› –, jüngere Schwester von Madeleine, begleitete ihn als junges Mädchen auf seiner botanischen Exkursion auf die Anhöhe Fourvière in der Nähe von Lyon. Offenbar hörte sie ihm so aufmerksam zu, dass der beigeisterte Botaniker sich nach Jahren dankbar daran erinnerte und ihr sein wohl schönstes Herbar, sein ‹herbier mignon›, schenkte; es ist beindruckend sorgfältig und mit besonderem ästhetischem Sinn ausgestaltet; jede Pflanze mit Goldbändchen fixiert auf Büttenpapier. Nur noch ein Herbar, dasjenige für Madelon, Töchterchen von Madeleine Delessert, ist vermutlich ebenso reizvoll. – Julies Herbar wird seit 1833 in der Zentral- und Universitätsbiliothek Zürich aufbewahrt; es ist ein Geschenk von Henri Faesi, Schwiegersohn von Julie Willading, geb. Boy de la Tour. 1979 wurde es als ‹Das Zürcher Herbar Jean-Jacques Rousseaus› im Wohnmuseum Zürich öffentlich ausgestellt. (Katalog).

Anhang

JEAN-JACQUES ROUSSEAU ALS BOTANIKER (1712–1778)

Jugend und Adoleszenz (1712–1741)

Am 28. Juni 1712 geboren in Genf als zweiter Sohn von Isaac Rousseau und Suzanne Bernard. Tod der Mutter am 7. Juli. Kinderjahre beim Vater, dann in Obhut bei einem Onkel und einer Tante; Unterricht bei Pfarrer Lambercier.

Lehrstellen bei einem Gerichtschreiber und einem Grafiker. 1728 nach einem Ausflug waren die Stadttore schon geschlossen; kurz entschlossen entschied der sechzehnjährige Jean-Jacques fortan seinen eigenen Weg zu gehen. Es folgten unstete Lehr- und Wanderjahre auf der Suche nach sich selbst.

Großer Einfluss von Madame de Warrens, ‹Maman› und Geliebte. In Turin im Seminar. Konvertiert zum Katholizismus; im Lazaristen Seminar. Fußmärsche, u.a. 1730 von Nyon, Fribourg, Lausanne, Vevey, Neuchâtel. Reise nach Paris. 1734 wieder in Chambéry; Haus- und Musiklehrer; Kanzlist. Entwurf für eine neue Musiknotenschrift, die er der Akademie für Wissenschaften in Paris vorlegte.

Wanderjahre und Erfolg (1742–1755)

1743 Publikation ‹Dissertation sur la Musique moderne›; Sekretär beim Französischen Botschafter in Venedig; Rückkehr nach Paris; 1745 liiert mit der Hotelangestellten Thérèse Levasseur; 1749 Zusammenarbeit mit den Encyklopädisten Diderot und Condillac (Bearbeitung der Artikel über Musik); 1750 Preis von der Akademie Dijon für ‹Discours sur les sciences et les arts›; 1752 Sein Musikspiel ‹Le Devin du Village› (Der Dorfwahrsager) wurde mit Erfolg in Fontainebleau vor König Ludwig XV aufgeführt. 1755 Publikationen: ‹Lettre sur la Musique française›. und ‹Discours sur l'origine de l'inégalité parmi les hommes›. Korrespondenz mit Voltaire.

Der Philosoph (1756–1761)

Die Gönnerin Mme d'Epinay überließ Rousseau die Ermitage in Montmorency. Entwurf für den Roman ‹La Nouvelle Héloise›. Wohnung im Petit-Château in Montmorency dank dem einflussreichen Gönner Maréchal de Luxembourg; Entwurf für ‹Emile› und für ‹Le Contrat Social› (Der Gesellschaftsvertrag). Publikation von ‹Julie ou La Nouvelle Héloise›. Großerfolg.

> *«Ich verdanke mein Leben den Pflanzen, nicht wirklich, aber sie haben es mir ermöglicht im Strom des Lebens weiter zu schwimmen und nicht unter zu gehen von Bitterkeit beschwert».*

Verbannung und Botanik (1762–1778)

1762, am 2. Juni, wurde ‹Emile› konfisziert; ab sofort Publikationsverbot; am 9. Juni Verhaftungsdekret; Flucht in die Schweiz; am 11. Juni Verbrennung von ‹Emile› auf der Treppe des Palais de Justice; am 28. August setzte der Erzbischof von Paris ‹Emile› und ‹Le Contrat Social› auf den Index (aufgehoben 1966).

1762–1765 Schweiz

Val de Travers NE; Môtiers; Brot; Creux du Van; Mt. Robaila; Chasseron; La Ferrière, Doubs; Sankt-Petersinsel BE

Der Neuenburger Arzt d'Ivernois verschrieb dem Verbannten ausgedehnte Spaziergänge, als Botaniker schlug er vor, dabei die Pflanzen zu studieren, was Rousseau sofort und mit Begeisterung aufgenommen hat.

«Vergessen Sie nicht für die ‹caravane› oder für unser ‹botanisches Kollegium› folgendes mitzunehmen: Kaffee, Zucker, Kochgeschirr; dann die Bücher von Linnaeus und Sauvages; die Gitarre, ein interessantes Buch oder ein Kartenspiel fürs schlechte Wetter». – Zur ‹caravane› gehörten oft der Botaniker Gagnebin, ‹le parolier›, der Wörterspucker, der die lateinischen Phrasen auswendig hersagen konnte», der junge unbeschwerte d'Escherny als designierter ‹Proviantmeister›, «der die Botanik in drei Tagen erlernt hat!», Oberst de Pury als Kassier und Pfadfinder, und, wenn's die Gichtschmerzen erlaubten, der großherzige Freund und Beschützer Rousseaus: Pierre Dupeyrou.

Notiz nach der Exkursion mit Dr. Neuhaus: Ährige Rapunzel – *Phyteuma spicatum*; Langhaariges Habichtskraut – *Hieracium pilosella*: Sumpf-Vergissmeinnicht – *Myosotis scorpioides*; Hornkraut? – *Cerastium*?; Gewöhnliche Kreuzblume – *Polygala vulgaris*?; Herzblättrige Kugelblume? – *Globularia cordifolia*?; Hufeisenklee? – *Hippocrepis*?; Strauchwicke? – *Coronilla*? «sicher ein Schmetterlingsblütler»; Leberblümchen – *Hepatica nobilis*; Wundklee – *Anthyllis vulneraria*; Echtes Salomonssiegel – *Polygonatum odoratum*.

Vorbereitungen für die Chasseron Tour: Ein Esel trug wollene Decken und den Proviat in Picknickkörben: vier Flaschen Wein, eine große Leberpastete, Kalbsbraten vom Rippenstück, Rindsschmorbraten, eine poschierte Rindszunge, der Bäcker in Brot lieferte frisches Brot. Der Aufstieg führte dem linken Ufer der Areuse entlang nach Môtiers, Fleurier, Buttes, von Noirvaux aus Aufstieg zum Chasseron 1611 m: «Wir sahen sieben Seen!»

Im Alleingang auf den Robaila (La Robellaz)

u.a. *Fagus sylvatica*, Buche; *Picea abies*, Fichte; *Cardamine (Dentaria) pentaphyllos* und *Cardamine heptaphylla*, zwei Zahnwurzarten; *Cyclamen*, Alpenveilchen; *Neottia nidus-avis*, Vogelnestwurz; *Laserpitium latifolium*, Breitblättriges Laserkraut; *Moehringia muscosa*, Moos-Nabelmiere; Bärlappe, Moose.

Sankt-Petersinsel

«Mit dem Linné unter dem Arm, der Lupe in der Hand, nach der gewünschten Pflanze suchen, sich daneben setzen und sie an ihrem Standort, ohne Eile, ohne Hast analysieren: dieses Verfahren, half mir sehr

König petit, Ile de St-Pierre, Kupferstich

viel, die Pflanzen in ihrem natürlichen Zustand kennen zu lernen.» – «Durch Felder und Wälder schweifen, hier und da, fast zufällig Grünfutter sammeln, tausend und aber tausend Mal dieselben Pflanzen mit immer demselben intensiven Interesse betrachten: damit hätte ich mein ganzes Leben verbringen können, ohne mich je auch nur eine Minute zu langweilen. Ich machte mich daran, eine Flora Petrinsularis zu erarbeiten, ausnahmslos alle Pflanzen der Insel zu beschreiben und dies mit soviel Einzelheiten, dass ich für den Rest meiner Tage genug zu tun haben würde. Ich hatte nämlich für diesen meinen Zweck die Insel in kleine Gevierte aufgeteilt, die ich zu jeder Jahreszeit nacheinander zu durchstöbern gedachte. Die immer sich wiederholenden Merkmale, diese fabelhaften Abweichungen der Blätter, Blüten, Früchte, Wurzeln, entzücken aber nur diejenigen, die schon gewisse Kenntnisse von der Pflanzenwelt und der Systematik erarbeitet haben. Ohne diese Kenntnisse lässt man sich nur verblüffen, und nichts bleibt übrig, als ein etwas hilfloses Staunen. Ohne Kenntnisse weiß man nicht, welche Merkmale ins Auge gefasst werden müssen, Zusammenhänge fehlen, die den Forscher immer wieder überwältigen. – Meine Situation war insofern eine glückliche, weil ich wenig wusste, alles schien mir neu, und ich war offen, neue Kenntnisse zu erwerben. Verzückt beobachtete ich den Aufbau der Pflanzen, die einzelnen Organe und ihre funktionelle Bedeutung, ergriffen und begeistert sah ich den Bestäubungs- und Befruchtungsvorgängen zu. Auch bei ganz gewöhnlichen, häufig vorkommenden Pflanzen verweilte ich und freute mich am gegabelten Griffel der Brunelle, an der explosiven Schnellkraft der Staubbeutel der Großen Brennnessel und beim Glaskraut, oder an den herausgeschleuderten Samen bei der Springkrautfrucht. Tausenderlei kleinste Vorgänge, die ich zum ersten Mal beobachtete, erfüllten mich mit Freude, und verzückt fragte ich jeden, der mir begegnete: Haben Sie schon die Hörnchen der Brunelle gesehen?»

«Der Boden dieser Insel ist ebenso vielgestaltig und mannigfaltig wie die hier vorkommenden Pflanzen. Ich hätte mein ganzes Leben genug zu tun gehabt, um sie alle zu studieren. Erzählt man nicht von einem Deutschen, er hätte ein Buch über eine Zitronenschale verfasst? – Ich aber hätte ein Buch über diese Insel geschrieben, nicht ein einziges Gräslein hätte ich ausgelassen, keine Flechte auf den Felsen, kein Härchen, nichts gar nichts wäre unbeachtet geblieben, die kleinste Kleinigkeit hätte ich eingehend erfasst. Allein, die Berner Exzellenzen zerstörten grausam den schönen Traum.»

Am 25. Oktober 1765 musste Rousseau die Petersinsel und den Kanton Bern verlassen. – Am 15. Dezember traf er über Strasbourg in Paris ein. Am 4. Januar 1766 floh er nach England, einer Einladung von David Hume folgend.

1766 England

Chiswick in der Nähe von London. Wootton Hall bei Ashbourne, Derbyshire; Exkursionen und Korrespondenz mit Herzogin von Portland.

In einer Schlucht in der Nähe von Wootton fand er die Engelwurz, *Angelica sylvestris*, der er im Val Travers begegnet war; und freudig und stolz berichtete er vom Fund von *Hymenophyllum tunbrigense*, Englischer Hautfarn.

«Hier ist eine Pflanze, die ich an Felsen haftend fand, ich kenne sie nicht. Sie kennen sie vielleicht gut? Nach Gestalt und Fruchtbildung scheint sie zu den Farnen, nach der Substanz und Struktur zu den Moosen zu gehören. Meine Augen und Lupen sind zu schlecht, um die Sache zu entscheiden».

«Es ist *Adiantum petraeum perpusillum anglicum foliis bifidis, vel. trifides*, nach Ray's ‹Synopsis› vol. II, p. 47».

«Richtig, ich habe den Farn ja auf Felsbrocken und Baumwurzeln öfters beobachtet, besonders an den nördlich exponierten Felsen südlich von Wootton Hall.»

1767 Streit mit David Hume. Rückkehr nach Frankreich, obschon der Verhaftungsbefehl noch rechtsgültig war. Anordnung vom Prinzen Conti: Nur mit falschem Namen, als Renou, durfte Rousseau in Frankreich bleiben.

1767 Erster Zufluchtsort: Fleury-sous-Meudon (Haut-de-Seine) beim Grafen Mirabeau, der für das Botanisieren Verachtung demonstrierte: «Rousseau sei wie der weidende Nebukadnezar, einer, der unter Thymian und Eibisch herumkröche!»

1767 Trye-le-Château (Oise) beim Bourbonen Prinzen Conti.
Notiz: *Inula helenium*, Echter Alant, nur in England, neu für Frankreich. Zusammen mit dem Heidekraut u.a. *Matricaria recutita*, Echte Kamille, *Sagina procumbens*, Niederliegendes Mastkraut, *Hieracium umbellatum*, Doldiges Habichtskraut und noch ein sehr kleine, unauffällige Pflanze der Enzianfamilie, die einjährige *Gentiana (Cicendia) filiformis*.*

1768 Abreise nach Lyon (Rhône)
Exkursionen: Colline de Fourvière, Île Mognat, Croix de Vacques, Mont d'Or. Besuche bei Julie-Anne Boy de la Tour, Mutter von Madeleine, spätere Empfängerin der ‹Lehrbriefe› und Julie, spätere Empfängerin vom ‹hübschen› Herbar. Exkursionen mit den beiden Mädchen. In einem Rebberg häufig: *Aristolochia clematitis*, Osterluzei.

1768 Grenoble (Isère)
Exkursionen: Grande Chartreuse, Parisot, (heute: ‹Le désert de Jean-

Jacques›), Château Beauregard; Bekanntschaft mit dem Botaniker de La Tourrette, langjährige Korrespondenz. Pflanzenfunde Grande Chartreuse: *Astratia major*, Große Sterndolde; *Trientalis europaea*, Siebenstern; *Soldanella alpina*, Große Soldanelle; *Melittis melissophyllum*, Immenblatt; mehrere Steinbrecharten, Doldenblütler, Leguminosen; *Hippophaë rhamnoides*, Sanddorn u.a.m.

1768–1779 Bourgoin-Jallieu/Monquin
La ferme de Maubec (Isère). Heiratete am 30. August 1768 Thérèse Levasseur nach dreiundzwanzig Jahren Lebensgemeinschaft auf dem Zivilstandsamt von Bourgoin.

Wanderungen: Anhöhen von Maubec und Mont-du-Chat. *Tragus racemosus*, Klettengras; *Crepis foetida*, Stinkender Pippau; *Monotropa hypopitys*, Fichtenspargel (Anm. verwandt mit Orobanche?) *Carex digitata*, Gefingerte Segge; *Gypsophila muralis*, Acker-Gripskraut.

Exkursion Mont Pilat (Loire), 13. August 1769
Ligusticum mutellina, Alpen-Liebstock; *Dictamnus albus*, Weißer Diptam; *Rubia peregrina*, Fremde Färberröte; *Prenanthes purpurea*, Hasenlattich; *Blackstonia perfoliata*, Bitterling; *Tamus communis*, Gewöhnliche Schmerwurz; *Primula auricula*, Felsen-Aurikel; *Doronicum pardalianches*, Kriechende Gemswurz; *Polygonum bistorta*, Schlangen-Knöterich; *Arnica montana*, Arnika; *Daphne cneorum*, Flaumiger Seidelbast; *Vaccinium myrtillus*, Heidelbeere; *Adenostyles glabra*, Grauer Alpendost; nicht identifiziert: zwei gelbblühende Springkräuter und zwei Fingerhutarten.

Exkursionsbericht an Pierre Dupeyrou in Neuchâtel:
«Monquin, am 16. September 1769
… Sie haben durchaus recht, mein lieber Gastgeber, gespannt auf meinen Bericht über die Pila-Exkursion zu warten. Denn, außer dem Vergnügen diesen machen zu dürfen, habe ich mich auch darauf gefreut, Ihnen davon zu berichten …

Ich machte mich also auf mit drei Herren, einer davon ein Arzt, der vorgab die Botanik zu lieben; alle drei darauf bedacht, ich weiß nicht weshalb, mich mit geziertem Benehmen und Schmeicheleien zu quälen. Sie kennen mich und wissen, wie schlecht ich solches Getue vertrage, ich, der besonders diese vergnügte Ungezwungenheit bei botanischen Wanderungen liebt, wurde übellaunig, das gebe ich zu, aber, dass der Grund bei ihnen lag, das haben sie nicht gemerkt! Nicht wahr, als wir zusammen nach Brot wanderten, da regnete es doch auch unaufhörlich, aber keiner unter uns war schlecht gelaunt!? Das wäre also Punkt eins. Zweiter Punkt: Das Wetter war miserabel während der ganzen Exkursion, was nicht eben lustig ist, wenn man nur Pflanzen sehen und sammeln will. Dazu fehlte jedes Gefühl von Zusammengehörigkeit, so dass sich unsere Gespräche nur auf Botanisches fixierten. Dritter Punkt: Oben auf dem Berg fanden wir eine sehr schlechte Unterkunft vor; das Heu war feuchtnass, und als ‹Sancho› der Gruppe gestand man mir feierlich die einzige Matratze voller Flöhe zu! Vierter Punkt: Ein unglückliches Ereignis folgte dem andern: einer unserer Herren wurde oben auf dem Berg von einem Hund gebissen; mein Sultan wurde von einem andern beinahe tot gebissen, worauf er spurlos verschwand, schon glaubte ich ihn tot oder vom Wolf aufgefressen. Aber als ich nach Monquin zurück kam, erwartete er mich freudig wedelnd, die Bisswunden waren wunderbar verheilt. Zwölf gute Meilen musste er zurücklegen, er musste sogar noch die Rhone überqueren, die ja hier kein Bächlein mehr ist, was mir ganz und gar unerklärlich ist. Punkt fünf aber ist der allerschlimmste: Wir waren viel zu spät im Jahr, die Blütezeit war schon vorbei, und es war zu früh, um Samen zu sammeln; zudem fehlte uns ein Führer, der uns die guten Standorte hätte zeigen können. Der Pila ist ein sehr düsterer, ungastlicher, öder Berg, von der wunderschönen Vielfalt in den Schweizer Bergen ist nichts zu sehen. Hätten Sie nicht der Botanik abgeschworen, dann würde ich Ihnen nun von unserer magern Ausbeute berichten: Ich würde vom Alpen-Liebstock, von der Aurikel, der Gemswurz, dem Schlangen-Knöterich, dem Eisenhut, dem Seidelbast etc. etc. erzählen. Unter den hier häufig vorkommenden Alpenpflanzen, habe ich drei gefunden, die mich sehr gefreut haben: die eine ist die Nachtkerze, *Oenothera biennis*, die ich seinerzeit am Rhoneufer und bei Nevers am Ufer der Loire gesehen habe. Die zweite ist der Alpen-Milchlattich, *Mulgedium alpina*; die Schwierigkeiten beim Bestimmen haben mir sehr viel Spaß gemacht: als Dickschädel hatte ich mir nämlich in den Kopf gesetzt, es handle sich um einen Lattich! Die dritte Pflanze ist eine Rentierflechte mit den kurzen Härchen am Blattrand. Ich langweile Sie, mein lieber Gastgeber, mit meiner pedantischen Aufzählung. Aber sollte einmal Ihre Henriette Freude an den Pflanzen bekommen, dann würde sich mein Heu bald in liebliche Blumen verwandeln, und es bliebe Ihnen nichts anderes übrig, als wieder mit der Botanik neu anzufangen! Ich umarme Sie. Guten Tag.»

1770

Ohne Erlaubnis, wider den Einspruch vom Prinzen Conti, entschloss sich Rousseau nach Paris zurück zu kehren und dies unter seinem eigenen Namen.

Fast ohne Gepäck, (vermutlich aus Geldnot hatte er den größten Teil seiner botanischen Bibliothek, – die verschiedenen Nachschlagewerke enthielten am Textrand handschriftlich eingetragene Synonyme! –, sein großes Herbar an den Engländer Daniel Malthus verkauft), reiste er über Lyon, Dijon, Montbard, Auxerre und traf am 24. Juni 1770 in Paris ein. Von der Kutsche aus, erspähte er im Burgund den Gelben Enzian, zwischen Montbard und Chablis auffallend häufig den Knollenkümmel und die Röhrige Rehbendolde; unterwegs besuchte er den berühmten Buffon, der ihn ehrenvoll empfangen hat.

Wohnung an der rue Platrière (heute rue J.-J. Rousseau). Der verbannte Rousseau meldete sich umgehend schriftlich beim Herzog von Choiseul und versicherte ihm, dass er nie mehr daran denken werde, irgendwelche Schriften zu publizieren. Dieser Entschluss hatte eine sofortige Nichtigerklärung vom Verbannungsurteil von 1762 zur Folge.

Rousseau durfte von nun an wieder in Paris wohnen und sich frei bewegen. Der Ruf des Botanikers war ihm vorausgeeilt, sodass einflussreiche Adlige ihm Zugang zu den Gartenanlagen von Châtillon, Versailles, Monceau, La Muette verschafften; die Direktoren vom Jardin du Roy, die beiden Jussieu, übergaben ihm den Schlüssel zum Garten, sie organisierten Exkursionen mit Studenten u.a. nach Meudon und Montmorency.

Aus den Notizen: *Osmunda regalis,* Königsfarn; *Lythrum hyssopifolia*, Ysop-Weiderich; *Lysimachia nemorum*, Hainfriedlos; *Drosera rotunidifolia*, Rundblättriger Sonnentau; *Cyperus fuscus*, Schwarzbraunes Cypergras; *Schoenus nigricans*, Schwärzliches Kopfried; und neu war *Hydrocotyle vulgaris*, der Wassernabel.

Bei der Porte d'Ivry wuchs *Centaurea cyanus*, die Kornblume und *Lithospermum arvense*, Acker-Steinsame. nächst vom Palais Bourbon wuchs Koriander; eingeschleppter *Anethum graevolens*, Falscher Fenchel; in Mauerritzen *Antirrhinum majus*, das Große Löwenmäulchen, im Park von Saint-Cloud *Galega officinalis*, die Geißraute; auf den Anhöhen von Ménilmontant *Bupleurum rotundifolium* und *Bupleurum falcatum*, zwei Arten vom Hasenohr, dazu noch *Picris hieracioides*, das Bitterkraut.

Während dieser Zeit zwischen 1771–1773 entstanden die ‹Lettres élémentaires sur la botanique› und das nicht vollendete botanische Wörterbuch, ‹Dictionnaire des termes d'usage de botanique› und die Botanische Bilderschrift, ‹Caractères botaniques›.

Gedanken zum Botanikstudium

«Was wir brauchen ist ein eigentliches Elementarlehrbuch, welches Leute befähigt, die niemals eine Pflanze angesehen haben, diese allein und ohne mündlichen Unterricht zu studieren. Ich denke nicht an Linnés System, schon eher an de La Tourrette's ‹Démonstrations élémentaires›, die in mancher Hinsicht gut sind. Damit die botanisch nicht geschulten Fortschritte machen können, müsste der Unterichtsstoff stufenweise aufgebaut sein, er müsste vom klar Ersichtlichen und Einfachen zum Zusammengesetzten und Schwierigen aufsteigen. Kurz, noch fehlt uns immer eine Anleitung, die nicht für Botaniker, sondern für wahre Botanophile geschrieben ist, d.h. für all jene, die Pflanzen lieben und kennen lernen wollen, aber noch unwissend sind.»

«... Ich muss gestehen, die Schwierigkeiten, die ich beim Studium der Pflanzen hatte, haben mir gewisse Einsichten eingebracht. Es müsste möglich sein, Mittel und Wege zu finden, um den Stoff leicht fasslicher darzustellen, so, dass Ungeschulte, aber Wissbegierige, davon Nutzen ziehen. Das System der Pflanzen müsste graduell dargestellt werden, weniger abstrakt als Tournefort und alle seine Nachfolger, Linné nicht ausgenommen. Vielleicht ist meine Idee nicht ausführbar.»

«Pflanzen müssen an und für sich erforscht werden, die innern Strukturen, die treibenden Innenkräfte, die Fasern, die Schläuche, die Tracheen oder die Luftröhren, die Rinde, das Mark, die Blätter, die Blüten, die Früchte, die Wurzeln, kurz alle die Teile, aus denen die Pflanze als Ganzes zusammengesetzt ist.»

«Es ist nicht so wichtig viele Pflanzen zu kennen, wichtiger ist es, die Pflanze an sich, ihre Strukturen, die Funktionen der Organe zu analysieren.»

«Linné lehrt die Pflanzen, die man kennt, auf das Beste beobachten, aber er lehrt sie nicht erkennen; sein System ist für den Meister, aber notwendig wäre eines für Lernende.»

«Auch mit der gesamten Nomenklatur im Kopf ist man doch nur ein ganz gewöhnlicher Herborist; aber Wissbegierige, die versuchen, Gestalt und Struktur und das Pflanzenleben kennen zu lernen, ohne dass sie auch nur einen einzigen Pflanzennamen im Kopf haben, aus diesen könnte es ausgezeichnete Botaniker geben.»

«Die Nomenklatur ist ein Übereinkommen, dieselben Fakten immer und überall mit denselben Wörtern zu bezeichnen, sollte man dies nicht mit bestimmten Zeichen ersetzen?»

«Ein natürliches System gibt es überhaupt nicht. Die Arten sind sehr schwer erkennbar, die Hervorbrinungen der Natur fließen zu sehr in einander über, und man muss fragen, ob denn überhaupt Arten in der Natur existieren und nicht viel mehr einzig und allein Individuen».

1778

Krankheit, Erschöpfung zwangen Rousseau Ende Mai, der Einladung von Marquis de Girardin zu folgen und mit Thérèse nach Ermenonville bei Paris umzuziehen. Kaum genesen, fand man ihn botanisierend im Park mit den Kindern des Marquis und für die Tochter begann er ein Herbar anzulegen.

Einmal als Bernardin de Saint-Pierre, treuer Begleiter der letzen Lebensjahre, zu Besuch war, meinte er: «Sammeln und einlegen will ich alle Gewächse der Alpen und der Meere, alle Bäume beider Indien; aber vorderhand beginne ich auf gut Glück mit Acker-Gauchheil, Kerbel und Labkraut; mit gelahrter Miene botanisiere ich rund um den Vogelkäfig, und sobald ich dort ein Körnchen keimen sehe, sage ich zu mir: Siehst du, schon wieder ein Pflänzchen mehr!»

Tod am 4. Juli 1778; Beisetzung in Ermenonville auf der Ile des Peupliers.

Park von Ermenonville, Ansichtskarte, um 1900

«Mein Herbar ist das Tagebuch meiner Wanderungen; ich sehe wieder alles vor mir: Wiesen, Wasser, Wälder, Einsamkeit, und vor allem verspüre ich den Frieden und die Ruhe, die über ihnen weilte, und dieses ‹Je voudrais que cet instant durât toujours!›.»

Vorhandene Herbarien

1. Julie Boy de la Tour erhielt 1772 dieses ‹herbier mignon›, von Rousseau zugeschickt. Es gehört zu den sogenannten ‹hübschen Herbarien›. Henri Faesi, Julies Schwiegersohn, schenkte es 1833 der Zentral- und Universitätsbibliothek Zürich, wo es noch heute wohl verwahrt wird. Es enthält 101 Pflanzen dic 1978 öffentlich im Zürcher Wohnmuseum ausgestellt worden sind. (Katalog).

Alle wichtigen Pflanzenfamilien sind vertreten so. u. a. Rachen- und Lippenblütler, Hahnenfuß-, Rosen-, Nelken-, Dolden-, Primelngewächse; auch Vertreter von kleineren Familien wie Hundsgift-, Bisamkraut-, Nachtschattengewächse sind vertreten, ebenso Sauer- und Süßgräser, Schachtelhalm, Farne und eine im Meer lebende Rotalge.

2. 1774 erhielt Madelon Delessert, Tochter von Madeleine Delessert-Boy de la Tour, das zweite ‹hübsche› Herbar aus Rousseaus Hand; es enthält 168 Pflanzenarten; Eine Liste wurde publiziert in ‹Lettres inédites de Jean-Jacques Rousseau› von Ph. Godet und M. Boy de la Tour

(1911). Dieses so ganz persönliche Herbar ist im Privatbesitz der Erben von Baron Hottinguer, Paris.

3. Ein kleines Herbar, ein ‹herbier mignon›, im Musée des arts décoratifs Paris enthält rund 40 Moose und Flechten mit Anmerkungen (Legat Comte Rambuteau 1912).

4. Ein Kleinst-Herbar im Musée Carnevalet Paris, Quartformat, enthält 8 Pflanzen. Es wird vermutet, dass dieses Herbar nicht von Rousseau, sondern von Marquis de Girardin zusammengestellt worden ist.

5. Herbar im Musée Jacquemart-André in Chaalis enthält 13 Pflanzen mit handschriftlichen Annotationen; vermutlich wurde es im Todesjahr 1778 in Ermenonville angelegt.

6. Das ‹wiedergefundene› (?) ‹Grand Herbier›, das sogenannte ‹Herbier de Neuchâtel› wurde 1979 von der Bibliothèque publique Neuchâtel bei Sotheby London erworben: 6 grosse Schachteln mit rund 1500 Pflanzen, auf verschiedenartigen Papieren mit unterschiedlichen Anmerkungen, das ganze uneinheitlich, recht ungeordnet. Nur die beiden Schachteln Nr. 2 und Nr. 6 enthalten schön präsentierte Pflanzen, die Rousseaus Hand verraten.

Verlorene Herbarien

1. 1768, in Trye, erhielt Rousseau von Joseph Dombey das sogenannte ‹Grand Herbier›. Es enthielt hauptsächlich seltene exotische Pflanzen, die im Lauf der Jahre mit europäischen ergänzt wurden. – Unsicher ist, ob Rousseau das Herbar 1770 Dombey zurückgegeben hat, oder, ob Geldnot ihn gezwungen hat, es zusammen mit seiner botanischen Bibliothek an Daniel Malthus nach England zu verkaufen. Nicht erwiesen ist auch, ob das ‹Neuenburger Herbar› identisch ist mit dem ‹Grand Herbier› von Dombey/Rousseau.

2. 1777 begann Rousseau sein letztes, das ‹Kleine Herbar› anzulegen; das sogenannte ‹Berliner Herbar›: bestand aus 2 Konvoluten in Quartformat; die Pflanzen waren nach Linné'schem System geordnet und stammten aus der Pariser Umgebung, den Schweizer Bergen, Savoyen und der Dauphiné. Vermutlich wurde es 1823 (?) von Madeleine Delesserts jüngstem Sohn, Benjamin Delessert – bedeutender, einflussreicher Mäzen der damaligen Naturforscher –, an einer Auktion erworben. Recherchen haben ergeben, dass Adelbert von Chamisso, damals Kustos des Botanischen Gartens Berlin, anläßlich seines Pariser Besuchs auch Freund Delessert getroffen hat; Chamisso, zeitlebens großer Verehrer Rousseaus, übernahm Herbar und Originalschränkchen mit Intarsien (Abb.) – auf der Vorderseite ‹vitam impendere vero›, seitlich ‹Emile› und ‹Héloise› – und übergab beides inkognito als Geschenk dem Museum. (Archiveintrag Bot. Mus. Berlin 1825). – 1946, während des Zweiten Weltkriegs, verbrannten Möbel, Herbar, Pflanzenlisten, Original der Botanischen Bilderschrift und Annotationen nach einer Bombardierung der Stadt.

ROUSSEAUS BOTANISCHE BILDERSCHRIFT

Piktogramme sind uns heutzutage mehr als nur vertraut, sehen und lesen wir sie doch täglich in Fahrplänen, auf Straßenverkehrstafeln, in Textprogrammen usw. Zu Rousseaus Zeiten waren algebraische und alchemistische Formeln gebräuchlich, aber nur drei botanische Zeichen waren bekannt, jene für ein- und zweijährige und für ausdauernde Pflanzen.

In seinen letzten Lebensjahren entwickelte der große Erneuerer zu seinem privaten Gebrauch die ‹caractères botaniques› mit dem Ziel, den langen umständlichen Pflanzenbeschreibungen zu entgehen. Anschaulich und klar verständlich sollten sie sein, diese botanischen Kürzel, in knappster Form Pflanzenmerkmale charakterisieren.

Unbearbeitet liegen die Entwürfe, die ‹brouillons›, mit einer Kopie des Originalmanuskripts in der Bibliothèque Publique et Universitaire Neuchâtel. Die ‹caractères botaniques› sind nie publiziert worden. (Das Original verbrannte während des Zweiten Weltkrieges im Botanischen Museum Berlin.).

Rousseaus ‹Botanische Bilderschrift› umfasst rund 1200 Zeichen; die Sprosspflanzen (Angiospermae) sind am besten vertreten. Gut leserlich und konsequent durchgeführt steht neben jedem Zeichen, der von Linné übernommene lateinische Begriff und daneben, wenn adjektivisch verwendet, ein Doppelpunkt; diese Fachausdrücke sind weltweit immer noch gebräuchlich.

Aus diesem Bilderschrift-Alphabet, das an Hieroglyphen erinnert, wurden rund hundert besonders treffende, augenfällige Zeichen ausgewählt und auf alle Fälle durfte dieses witzige ‹personatus›  für eine Maskenblüte nicht fehlen.

Systema vegetabilium.

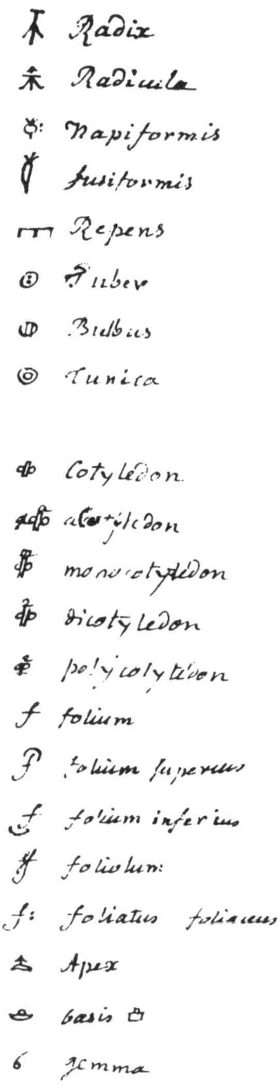

Wurzel	*radix Wurzel*
	radicula Wurzelchen
	napiformis rübenförmig
	fusiformis spindelförmig
	repens kriechend
	tuber Knolle
	bulbus Zwiebel
	tunica Hülle
Keimblatt Blatt	*cotyledon Keimblatt*
	acotyledon ohne Keimblatt
	monocotyledon mit einem Keimblatt
	dicotyledon mit zwei Keimblättern
	polycotyledon mit vielen Keimblättern
	folium Blatt
	folium superus oberes Blatt
	folium inferior unteres Blatt
	foliolum Blättchen
	foliatus, foliaceus beblättert
	apex Blattspitze
	basis Blattgrund
	gemma Knospe

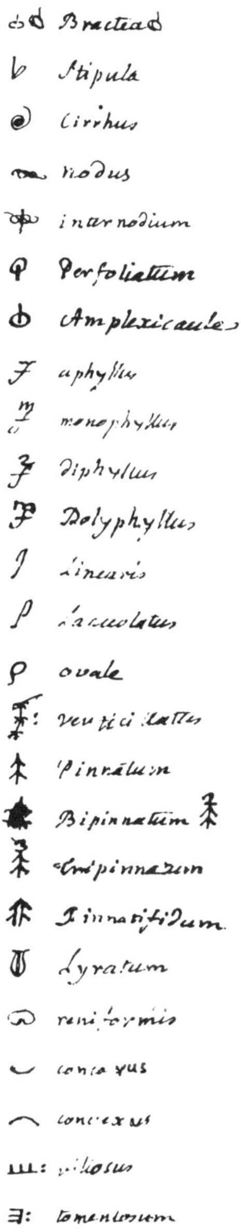

bractea Deckblatt / Hochblatt

stipula Nebenblatt

cirrhus Ranke

nodus knotig

internodium Stengelknoten/Internodium

perfoliatum durchwachsen

amplexicaule stengelumfassend

aphyllus blattlos

monophyllus einblättrig

diphyllus zweiblättrig

polyphyllus vielblättrig

linearis linealisch

lanceolatus lanzettlich

ovale oval, eiförmig

verticillatus quirlig

pinnatum gefiedert

bipinnatum doppelgefiedert

tripinnatum dreifach gefiedert

pinnatifidum fiederspaltig

lyratum leierförmig

reniformis nierenförmig

concavus konkav

convexus konvex

villosus zottig behaart

tomentosum filzig

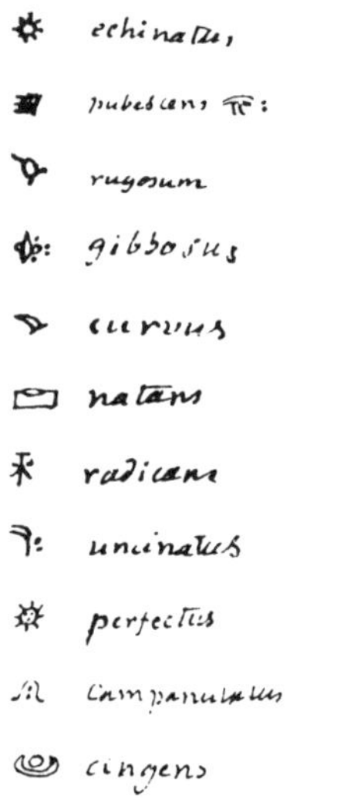

echinatus stachelig
pubescens flaumig
rugosum rauh
gibbosus höckerig
curvus krumm
natans schwimmend
radicans wurzelnd
unicinatus mit Widerhaken
perfectus vollkommen
campanulatus glockig
cingens umgürtend

Blüte
Blütenstand

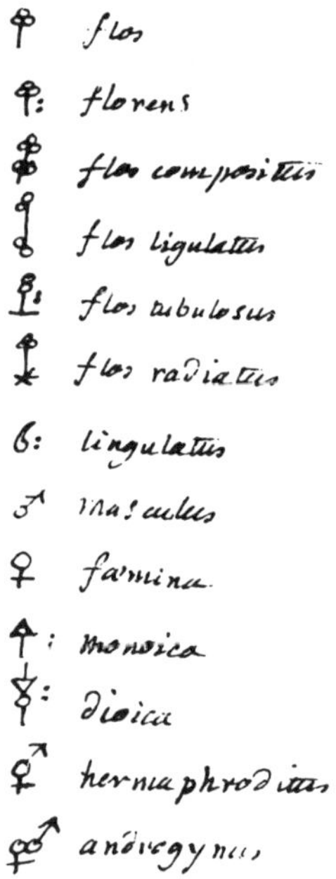

flos Blüte
florens blühend
flos compositus Körbchenblütler
flos ligulattus Zungenblüte
flos tubulosus Röhrenblüte
flos radiatus Strahlenblüte
lingulatus zungenförmig
masculus männlich
foemina weiblich
monoica einhäusig
dioica zweihäusig
hermaphroditus zwittrig
androgynus mannweibig/zwittrig

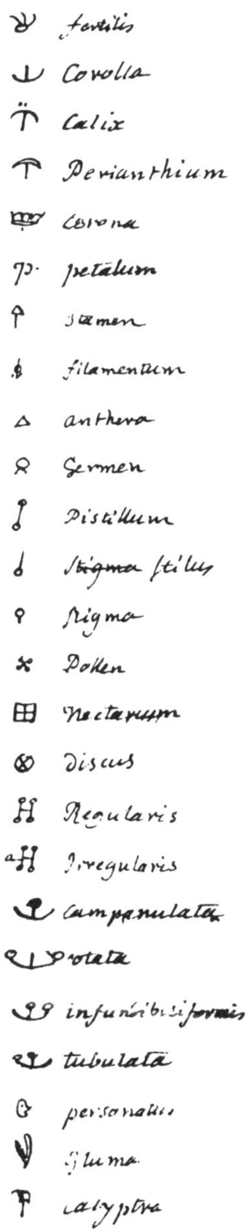

fertilis fruchtbar
corolla Blumenkrone
calix Kelch
perianthium Blütendecke
corona Krone, Kranz
petalum Kronblatt
stamen Staubblatt
filamentum Staubfaden
anthera Staubgefäß
germen Ovar, Fruchtknoten
pistillum Stempel
stilus Griffel
stigma Narbe
pollen Blütenstaub
nectarium Nektardrüse
discus scheibenförmiges Nektarium
regularis radiärsymmetrisch
irregularis asymmetrisch
campanulata glockenförmig
rotata radförmig
infundlbuliformis trichterförmig
tubulatus röhrig
personatus maskiert
gluma Spelze
calyptra Haube

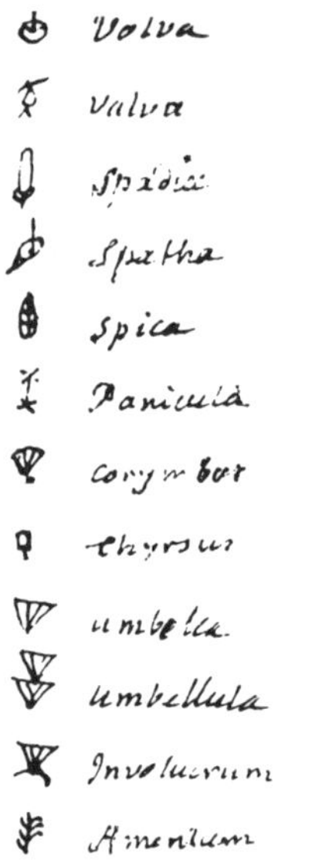

volva Scheide
valva Klappe
spadix Kolben
spatha Spatha, Blütenscheide
spica Ähre
panicula Rispe
corymbus Doldenrispe
thyrsus Scheindolde
umbella, umbellatus Dolde, doldig
umbellula Döldchen
involucrum Hüllkelch
amentum Kätzchen

Same
Frucht
Fruchtstand

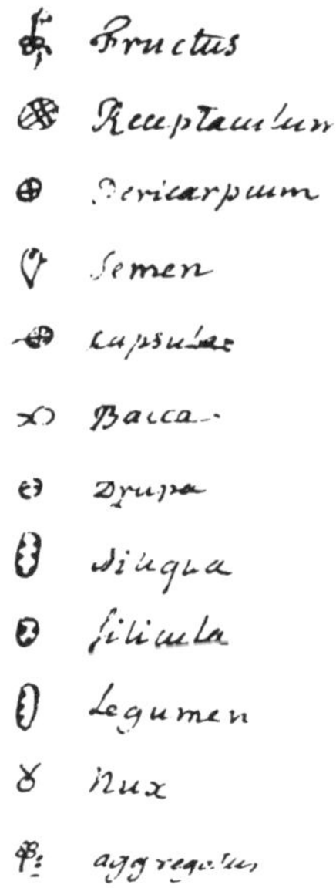

fructus Frucht
receptaculum Fruchtbecher
pericarpium Fruchtwand
semen Same
capsula Kapsel
bacca Beere
drupa Steinfrucht
siliqua Schote
silicula Schötchen
legumen Hülse
nux Nuss
aggregatus gehäuft

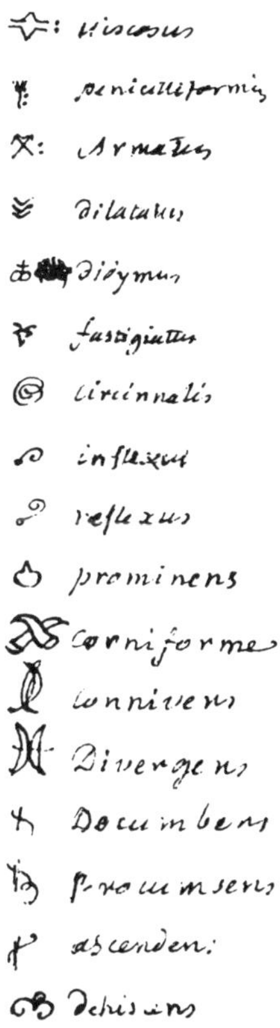

viscosus klebrig

picilliformis pinselförmig

armatus bewehrt

dilatatus erweitert

didymus doppelt

fastigiatus spitzig

circinnalis schneckenartig

inflexus einwärts gebogen

reflexus zurückgebogen

prominens herausragend

corniforme hornförmig

connivers zusammenneigend

divergens auseinanderlaufend

decumbens niedergebogen

procumbens niederliegend

ascendens aufsteigend

dehiscens aufspringend

Folgende Sträucher kämen vor: Hasel, Weißdorn, Schwarzdorn, Liguster, Pfaffenhütchen, Hunds-Rose und die Wein-Rose; und an schattigem Ort werden sie überklettert vom Bittersüßen Nachtschatten und der Waldrebe.

Als Bodenbedecker auf alle Fälle die Lieblingspflanze, Immergrün und Efeu; dann Gamander-, Ähriger und Breitblättriger Ehrenpreis; die Wiesenpflanzen Scharfer Hahnenfuß, Maßliebchen und Günsel, die Große und die Straußblütige Margerite; nicht fehlen dürfen Acker-Gauchheil, verschiedene Wolfsmilcharten, Wald-Storchenschnabel, Gewöhnlicher Reiherschnabel, Sigmarswurz und Bisam-Malve, die Kleine Malve; die schönen Ackerbegleiter Venus-Frauenspiegel und Feld-Rittersporn; dann Pfirsichblättrige und Nesselblättrige Glockenblume, Skabiosen-Flockenblume, Kornblume, Purpur-Witwenblume, Gewöhnliche Skabiose, Echter Löwenzahn und Pfaffenröhrlein, Inkarnat-Klee und die hübsche Gelbe Spargelerbse, das Gebräuchliche Seifenkraut; Schafgarbe, Wiesen-Schaumkraut, Goldmelisse und Borretsch; die Doldenblütler vertreten mit Möhre und Wiesen-Kerbel. Ein artenreicher Wildpflanzengarten!

Adanson, Michel, 1762, *Classification naturelles des plantes*, Paris.

Bauhin, Kaspar, 1596, *Phytopinax*, Basel.

Bauhin, Kaspar, 1623, *Pinax theatri botanici*, Basel.

Bock, Hieronymus, 1552, *De stirpium maxime earum quae in germania nostra nascintur*, Strassburg.

Bonnet, Charles, 1754, *Considération sur les corps organisés*. 2 vols. Amsterdam.

Buffon, Ch. Leclerc de, 1649, *Histoire naturelle générale et particulière*, description du Cabinet, Paris.

Cesalpino, Andrea, 1583, *De plantis libri ...*, Pisa.

Clusius, Carolus (de l'Ecluse, Charles), 1630(?), *Rariorum plantarum historia*, Lyon / Paris.

Cordus, Enricius (Heinrich Ritze), 1525 (?), *Botanologicon*, Leipzig.

Crantz, Heinr. Joh. N., 1766, *Institutiones rei herbariae*, Lisiae.

Dalibard, 1749, *Florae Parisiensis Prodromus ou catalogue des plantes qui naissent dans les environs de Paris*, Paris.

Dillenius, Joh. Jak., 1741, *Historis muscorum etc. in qua circiter 600 species veteres et novae ad sua genera relatae describuntur et iconibus genuinis illustrantur*, Oxonii, 2 vols.

Dioscorides, Pedanoios, 1730, *Materia medica*, Paris.

Dodonaeus, Remberti, 1583, *Stirpium historiae pemptades*, A'dam.

Fuchs, Leonhard von, 1542, *De historia stirpium comentarii insignes*, mit Abb., Basel.

Fuchs, Leonhard von, *L'histoire des plantes mis en commentaires*, Lyon 1550.

Garidel, Joseph, 1715, *Histoire des plantes qui naissent autour d'Aix*, Aix-en-Provence.

Gerarde, John, 1636, *The herbal of general history of plants*, mit Abb., London.

Gessner, Conrad, 1759, *Opera botanica.*
Gouan, Antoine, 1765, *Flora Monspeliaca*, Lugduni.
Gouan, Antoine, 1762, *Hortus regius Monspliensis*, Lugduni.
Gouan, Antoine, 1773, *Illustraiones et observationes botanicae*, Montpellier.
Haller, Albrecht von, 1750, *Historia stirpium helveticae*, Göttingen.
Hildegard von Bingen, o.J., *Physica S. Hildegardis*, Eibingen.
Hill, John, 1759, *Flora britannica*, London.
La Tourrette, Marc-André Claret de, 1771, *Voyage au mont Pilat dans la province du Lyonnais, contenant des observations sur l'histoire naturelle de cette Montagne et des lieux circonvoisins, suivie d'un catalogue raisonnés des plantes qui y croissent*, Lyon.
La Tourrette, M.A. de, 1766, *Démonstrations élémentaires de botanique* Lyon.
Linnaei, Caroli von, 1735, *Systemae naturae*, Uppsala.
Linnaei, Caroli von, 1737, *Genera plantarum*, Uppsala.
Linnaei, Caroli von, 1742, *Species plantarum*, Uppsala.
Linnaei, Caroli von, 1751, *Philosophia botanica*, Uppsala.
Linnaei, Caroli von, 1751, *Fundamenta botanica*, Uppsala.
Linnaei, Caroli con, 1760, *Critica botanica*, Uppsala.
Lobelius, (de l'Obel), 1602, *Plantarum seu stirpium icones*, London.
Ludwig, Chr. G., 1747, *Definitiones genera plantarum*, Göttingen.
Malpighi, Marcello, 1679, *Anatome plantarum*, Padua.
Plinius, l'Ancien, o. J., *Histoire naturelle*, 37 vols., Paris.
Pontedera, G., 1718, *Compendium tabularum botanicarum*, Firenze.
Ray, John (Johannes Rajus), 1686, *Historia plantarum*, Amsterdam.
Ray, John 1724, ‹Synopsis methodica stirpium britanicarum›, rev. ed. Dillenius, Abb., Amsterdam.
Ray, John, 1733, *Methodus plantarum nova*, Amsterdam.
Scheuchzer, Joh. Jak., 1729, *Iter alpinum*. Zürich.
Scheuchzer, Joh. Jak., 1708, *Agrostographiae helveticae prodromus*, Zürich.
Scheuchzer, Joh. Jak., 1719, *Agrostographiae sive graminum*, Zürich.

Séguier, J. F., 1746, *Plantae Vernoneses*, Verona, 2 vols.
Solander, Daniel, 1756, *Linnaei elementa botanica*, Bullstrode.
Tabernaemontanus, Joh. Th., 1588, *Icones plantarum*, Frankfurt am Main.
Theophrastus (Tyrtanos), o. J., *Historia plantarum*, 9 vols., Paris.
Theophrastus (Tyrtanos), o. J. *Causae plantarum*, 6 vols., Paris.
Tournefort, J. Pitton de, 1719, *Institutiones rei herbaricae*, avec ill., 3 vols., Paris.
Tournefort, J. Pitton de, 1694, *Eléments de botanique*, 6 vols., Paris.
Vaillant, Séb., 1727, *Botanicon Parisiense* par ordre alphabétiques des plantes des environs de Paris, avec carte topogr. Paris et environs, Leyden.

A Madame la duchesse de Portland

Wootton Hall, 12. Juli 1767

...

Um meinen ehrenvollen Auftrag zu erfüllen, beginne ich damit, Ihnen, sehr verehrte Dame, zwei kleine Pflanzen als Muster zu schicken; ich habe diese in meiner Nachbarschaft gefunden zwischen Heidekräutern, die außerhalb vom Park wachsen; dort ist der Boden recht feucht; auch die echte Kamille kommt dort vor und *Sagina procumbens*, *Hieracium umbellatum* nach Angaben im Linnaeus; andere konnte ich noch nicht bestimmen, da mir Nachschalgewerke fehlen, außer der ‹Flora Britannica›, die ich stets bei mir trage.
Nach der ‹Synopsis› zu schließen, scheint es sich bei Pflanze Nr. 2 um ein Enziangewächs zu handeln, nämlich um *Centaurium palustre luteum minimum nostras. Flor. Brit. 131.*
Hingegen kann ich Pflanze Nr. 1 nicht einordnen, vielleicht könnte es sich um eine *Elatine* nach Linnaeus handeln?, bei Vallaint heißt sie *alsiniastrum serpyllifolium* etc. Die Beschreibung stimmt eigentlich recht gut, aber eine Elatine muss acht Staubfäden haben, und ich zähle jedesmal nur vier. Die Blüte ist sehr klein und meine seit jeher schwachen Augen haben so viel geweint, sie sind noch schwächer geworden, so traue ich ihnen nicht mehr, was verständlich ist. Ich bitte Sie inständig, Madame la Duchesse, sagen Sie mir doch, um welche Pflanzenart es sich hier handeln könnte! Ich weiß, als Ihr Herborist sollte ich Sie instruieren, und nun bitte ich Sie darum!

...

Mit hochachtungsvollstem Respekt
habe ich die Ehre
Ihr sehr ergebener und sehr gehorsamer
Diener und Herborist zu sein.

Nachschrift

Durch meine widrige Situation hat sich dieses mein Schreiben an Sie, Madame, sehr verspätet. Aber, dank dieser Verspätung kann ich nun meine dumme Unkenntnis korrigieren; in der Zwischenzeit habe ich nämlich meine botanischen Bücher erhalten und mit Hilfe der Abbildungen bei Michelius sollte es sich bei Pflanze Nr. 1 um ein *linocarpon* handeln, bei Linnaeus als Lein aufgeführt. Man findet sie auch in der ‹Synopsis› unter dem Namen radiola, die sogar in der ‹Flora Britannica› abgebildet ist, doch in meinem Exemplar fehlt diese Abbildung.

Mit diesen meinen allzu geschwätzigen Ausführungen möchte ich Ihnen gestehen, Madame la Duchesse, dass meine Ignoranz der Grund ist für diesen dummen Schnitzer, aber ganz und gar nicht Nachläßigkeit, dies wird nie und nimmer vorkommen, solange auch unsere Korrespondenz dauern möge. Aber meine jetzigen Unbequemlichkeiten beeinflussen die Genauigkeit meiner Antworten.

So schließe ich, ohne zu wissen, wann dieser Brief abgeschickt werden kann.

Margaret Cavendish, Herzogin von Portland (1715–1785); Austausch von Pflanzen; beauftragte Rousseau ein Herbar zusammen zu stellen. Korrespondez währte von 1766–1776.

A M. de La Tourrette / conseiller de la Cour des Monnaies de Lyon

In Monquin, am 17. 12. 1769

...

Ich bin nicht überrascht, dass Sie Italiens Natur mehr beeindruckt als die Menschen; gute Beobachter erleben doch immer dasselbe, ja sogar in Landstrichen mit weniger angenehmen klimatischen Verhältnissen ... Als ich von Ihrer Italien Reise erfahren habe, befürchtete ich schon, dass Sie nur Raritäten für Ihr naturwissenschaftliches Kabinett mitbringen würden und fast keine Pflanzen für Ihr Herbar.

Aber nun stelle ich fest, dass ich mich in dieser Hinsicht sehr getäuscht habe. Ach, Monsieur, wie schade wäre es, wenn Sie auf die Botanik verzichten würden, insbesondere für mich! Sie haben mir schon so viel Interessantes und Wissenswertes gezeigt und mitgeteilt.

Sie fragen mich nach meinen gesammelten Pflanzen vom Mont Pila; ein klägliches Ergebnis und nun doppelt betrüblich für mich. Ich machte diese Exkursion während der schlechten Jahreszeit, bei schlechtestem Wetter und mit meinen schlechten Augen und mit Begleitern, die noch weniger wussten als ich. So war ich ganz und gar auf mich allein gestellt, ganz im Gegensatz zu unserer Grande Chartreuse Exkursion. Vergleiche ich die beiden Exkursionen, dann ist jene der Chartreuse extrem reichhaltig, jene aber vom Pila armselig. Nicht einmal eine *Astrantia*, kein *Pirola*, keine Soldanelle, nur ein *Ligusticum*, die einzige *Umbellifere*; kein Steinbrech, keine einzige Leguminose, keine Labiaten, außer dem Großblütigen Immenblatt. Führerlos irrten wir umher, keiner kannte die interessanten Standorte. So erstaunt es mich gar nicht, dass Sie als kenntnisreicher Botaniker eine Vielfalt an Pflanzen auf diesem hässlichen Berg beobachtet haben, an denen ich vorüber gegangen bin. Wie dem auch sei, ich schicke Ihnen beiliegend meine Artenliste. Steter Regen und meine eigene Ungeschicklichkeit sind schuld daran, dass fast alle gesammelten Pflanzen bei meiner Rückkehr angefault waren. Im Großen und Ganzen gab es nur zwei oder drei Pflanzen, die mich richtig gefreut haben: Das war die *Cicerbita alpina*; sie ist etwa vier bis fünf Fuß hoch mit wunderschönem Blattwerk und hat große, blau leuchtende Blumen! Sie sollten sie in Ihrem schönen Garten anpflanzen! Ich hätte fürs Leben gern Samen für Sie gesammelt, was aber nicht möglich war, denn nur eine einzelne Pflanze fanden wir, sie war eben erst am Aufblühen. Sie ist sehr groß mit extrem saftigem Stängel, und nur mit äußerster Mühe gelang es mir, ein paar Blattteile mitzunehmen, die bei meiner Rückkehr schon halb verfault waren. Leider kann ich mich nicht an den Standort erinnern; blinder Eifer und schlechte Augen machen mich ganz orientierungslos; aus diesen Gründen verirre ich mich recht oft.

Erinnern Sie sich an das kleine Riedgras, das wir üppig wachsend in der Grande Chartreuse fanden? Zuerst vermutete ich, es handle sich um *Cyperus fuscus* bei Linnaeus; doch habe ich es dort nicht gefunden. Aber bei Michelius habe ich folgende Beschreibung gefunden: *Cyperus radice repente odora, locustis unciam longis et lineam latis.* Tab. 31, f. 1. Wenn Sie mir, Monsieur, genaueres über dieses Riedgras sagen könnten, wäre ich Ihnen für jede Auskunft dankbar.

Allmählich wird die Botanik zu einer echten Belastung; sie ist so kostspielig, insbesondere dann, wenn man sie mit soviel Leidenschaft betreibt wie ich und zudem noch versucht Reformen einzuleiten. Ich denke daran, alle meine botanischen Bücher zu veräußern. Nomenklatur und Synonymie erfordern intensives Studium, dazu noch ein recht aufwendiges. Aber, frage ich mich, hat man eigentlich soviel Bücher nötig, wenn man nur die Natur beobachten will? Gut, sie sind notwendig, um die Pflanzensystematik, den Aufbau der Pflanzen, das Beobachten zu erlernen. Doch sind die Augen einmal geöffnet und sehend geworden, könnte man dann nicht auch ohne Bücherwissen schauen, bewundern und sich freuen?!. Leider hindert mich mein Quadratschädel, das Gedächtnis zu verbessern, sodass ich kaum Fortschritte gemacht habe. Aber eines fühle ich, auch bin ich ganz sicher: Die Gräser auf der Wiese, die Kräuter am Wegrand werden mich so lange ich lebe immer wieder, immer wieder neu beschäftigen, und nie werde ich mich dabei langweilen.

Verzeihung, Monsieur, meine Geschwätzigkeit, aber das Thema, denke ich, wird mich entschuldigen.

Empfangen Sie, ich bitte Sie, meine ergebenen Grüße.

Renou.

Marie-Antoine-Louis Claret de La Tourrette (1729–1793), Direktor Cour des Monnaies Lyon; Botaniker. Korrespondiert mit Linné, Haller, Adanson, Jussieu und Rousseau. Verfasser von ‹Voyage au Mont Pila›; Leiter der Exkursion Grande Chartreuse gemeinsam mit Abbé Rozier.

A Monsieur de Lamoignon de Malesherbes / Château de Malesherbes / par Estampes

In Paris 11.9.1771

Es würde mich, Monsieur, sehr betrüben, wenn ich für Sie nicht mehr diese vergnügliche Aufgabe erfüllen dürfte, dh. für Sie Pflanzen trocknen, präparieren, um Ihre Herbarien zu vervollständigen. Weil ich mein tägliches Brot mit Arbeit verdienen muss, hatte ich im Sinn, Ihnen nicht kostenlos Herbarpflanzen anzubieten, obschon mir diese Arbeit nicht nur sehr zusagt, sondern für mich allerbeste Unterhaltung ist! Ich gestehe Ihnen sogar, dass ich nur zu gerne abwechslungsweise Notenkopieren und Herbarien zusammenstellen würde, das letztere wäre eindeutig besser für meine Gesundheit. Ich dachte schon daran, mehrere Herbarien für naturwissenschaftliche Museen und Kabinette in Arbeit zu nehmen, was vielleicht recht lukrativ gewesen wäre. Aber die Franzosen haben im allgemeinen ganz irrige Vorstellungen von der Botanik und wenig Geschmack und Lust, die Natur, die Pflanzen zu studieren. Es ist hoffnungslos; niemals werden sie auch nur im entferntesten daran danken, diesen zauberhaftesten Teil der Naturwissenschaft kennen zu lernen! Aus diesen Gründen habe ich auf diese mögliche Einnahmequelle verzichtet. Aber Sie, mein Herr, fahren damit stetig fort und erweitern Ihre Kenntnisse, und so macht es mir das größte Vergnügen, ein wenig zu Ihrem Vergnügen beizutragen. Schicken Sie mir doch eine Liste von Pflanzenarten, die Sie wünschen, und ich werde versuchen, möglichst alle zu finden. Ich werde mir erlauben, Ihnen für die schon abgelieferten Pflanzen eine Rechnung zuzustellen, dies ohne Bedenken. Hingegen möchte ich nichts annehmen für all jene Pflanzen, die wir zusammen gesammelt haben.

Obschon Sie mir versichern, dass Ihre Gesundheit wieder besser ist, ließ man mich wissen, dass die Genesung noch zu wünschen übrig lässt. Unglücklicherweise ist die Jahreszeit, die gerade begonnen hat, nicht eben günstig, um sich draußen Bewegung zu verschaffen; trotz-

dem glaube ich, dass dies dennoch wohltuend wäre für Sie wie für mich!
Denken Sie daran, mein Herr, dass es auch im Winter möglich ist, Pflanzen zu sammeln, insbesondere Moose und Flechten. In Ihrem Park muss es höchst interessante geben, und ich ermahne Sie sehr, wenn das Wetter nicht alllzu garstig ist, sich doch auch mit diesen Teil der Botanik zu befassen.
Ihren Entscheid, Monsieur, so wie Sie ihn mir dargelegt haben, akzeptiere ich mit Dank; auf diese Weise ist es mir möglich, auf anständige Art und Weise, Arbeit und Verdienst und Vergnügen zu verbinden. –
Wenn man seinem Vaterland mit soviel geistigen Fähigkeiten, mit soviel Fleiß und Pflichtgefühl gedient hat, zudem mit den wichtigsten Ämtern betraut war, dann ist es für Männer Ihres Standes nun doch wirklich erlaubt sich zurückzuziehen, sich selber zu sein, zufrieden und glücklich.

J.-J. Rousseau

Chrétien-Guillaume de Lamoignon de Malesherbes (1721–1794), einflussreicher Magistrat, Direktor de la Librairie (Verlagswesen), protestierte gegen repressive Maßnahmen, setzte sich für Urheberrechte der Autoren ein, konnte Verbot und Verdammung von ‹Emile› nicht verhindern. Umfangreiche Korrespondenz. 1771 fiel er in Ungnade und zog sich auf sein Famlienschloss zurück. Interesse für Botanik; Abhandlungen über bürgerliche Freiheiten; 1793 Verteidigung Ludwigs XVI vor dem Konvent; 1794 endeten de Malesherbes, seine Tochter, sein Schwiegersohn und zwei Enkel am Schaffott.

Rousseau, Jean-Jacques, 1969, *Œuvres complètes, tome IV, Emile, Education, Morale, Botanique*, Bibliothèque de la Pléiade, Paris.

Rousseau, Jean-Jacques , 1911, *Lettres inédites à Mmes Boy de la Tour et Delessert, comprenant les Lettres sur la Botanique*, publiées pour la première fois d'après le texte original, par Philippe Godet et Maurice Boy de la Tour, Paris et Genève.

Rousseau, Jean-Jacques, *Caractères de Botanique*, MsR 21, f.46, Bibliothèque Universitaire Neuchâtel; (microfiches).

Rousseau, Jean-Jacques, 1948, *Les Rêveries du promeneur solitaire* (2ème, 5ème et 7ème Promenades), Genève.

Rousseau, Jean-Jacques, *Correspondance complète*, éd. critique établie et annotée par R.A. Leigh, 49 vols., tome XIV 1762, tomes XV–XXIV 1763–1765, tomes XXV–XXXIX 1765–1778, Oxford.

Rousseau, Jean-Jacques, 1782, *Botanik für Frauenzimmer in Briefen an die Frau von L.*, Leipzig.

Bernardin de Saint-Pierre, J.H., 1794, *Jean-Jacques Rousseau vu par B. de St-Pierre*, Paris.

Berthoud, Fritz, 1881, *J.-J. Rousseau au Val de Travers 1762–1765*, Paris.

Cheyron, Henri, 1996, *Une herborisation de Rousseau avec le docteur Neuhaus*, Bull. Ass. Rousseau, Nr. 48, Neuchâtel.

Cohn, Ferdinand, 1896, *Die Pflanze* Bd.1, SS.159–264 ‹J.-J.Rousseaus als Botaniker›, Breslau.

Deville, H., 1823, *La botanique de J.-J. Rousseau*, Paris.

Dictionnaire de Jean-Jacques Rousseau, 1996, publié sous la direction de Raymond Trousson et Frédéric S. Eigeldinger, Paris / Genève.

Favarger, C., 1941, *J.-J. Rousseau botaniste-amateur*, Neuchâtel.

Gagnebin, B., 1969, *Rousseau et la botanique*, Genève.

Ivernois, Jean-Antoine d', 1745, *Catalogue des plantes qui croissent naturellement dans la souveraineté de Neuchâtel* (Manuskript).
Jansen, Albert, 1885, *Jean-Jacques Rousseau als Botaniker*, Berlin.
Jansen, Albert, 1885, *Documents sur Jean-Jacques Rousseau (1762–1765)* recueillis dans les archives de Berlin, Genève.
La Tourrette, M.-A. Claret de, 1770, *Voyage au Mont Pila*, Lyon.
La Tourrette, M.-A. Claret de, 1777, *Démonstrations élémentaires*, Paris.
Matthey, F., 1982, *La dernière passion de J.-J.R.*, Revue neuchâteloise 100, Neuchâtel.
Mothe, Florence et Michel Lis, 1957, *Michel, le Jardinier au jardin de J.-J. Rousseau*, Paris.
Monney, Jean-Jacques, 1994, *En cartes postales, la vie et l'œuvre de Jean-Jacques Rousseau*, Genève.
Notes inédites de J.-J. Rousseau sur la botanique, o.J., d'après le manuscrit autographe de la Bibliothèque de la Chambre des Députés, par de Cayrol, député Nièvre.
Piatti, Barbara, 2001, *Rousseaus Garten / Le Jardin de Rousseau*, Basel.
Rheault, Sylvain, 1989, *Place et rôle de la botanique dans l'œuvre de Rousseau*. Mém. maîtrise par S.R., Dépt. d'ét. fr., Univ. Montréal.
Schneebeli-Graf, Ruth, 1978, *Rousseau, die Botanik und das Herbar für Julie Boy de la Tour*, Wohnmuseum Zürich.
Schneebeli-Graf, Ruth, 1979, *Einführung und Anmerkungen zu ‹Zehn botanische Lehrbriefe*, Frankfurt am Main.
Sinner, Joh. Rud., 1781, *Voyage historique et littéraire dans la Suisse occidentale*, Neuchâtel.
Thurmann, Jules, 1851, *Abraham Gagnebin de la Ferriière. Fragment pour servir à l'histoire scientifique du Jura bernois et neuchâtelois, pendant le siècle dernier*, avec un appendice géologique, Porrentruy (Extrait des Archives de la Soc. jurassienne d'Emulation).
Urban, I. 1916, *Geschichte des Kgl. Botan. Museums zu Berlin-Dahlem 1815–1913*, Berlin.
Vilmorin, R. de, 1969, *La Botanique de J.-J. Rousseau*, Paris.

Bildnachweis
‹Julies Herbar›, Aufnahmen Marcel Egli (Privatbestiz).
‹Ile de St-Pierre›, Kupferstich von König petit (Privatbesitz).
‹Park von Ermenonville› Ansichtskarte um 1900.
‹Herbarschränkchen› aus Cohn ‹Die Pflanze›.

Impressum

Originaltitel:
Jean-Jacques Rousseau ‹Lettres élémentaires sur la botanique› Übersetzung ‹Zehn botanische Lehrbriefe für eine Freundin›, insel taschenbuch 366, 1978

‹Jean-Jacques Rousseau, vu par Bernardin de St-Pierre›, 1794

Jean-Jacques Rousseau ‹Caractères botaniques› (manuscrit) Bibliothèque Publique et Universitaire Neuchâtel

Herausgegeben und übertragen von
Ruth-Schneebeli-Graf, Kriens
Zeichnungen: Richard Keller, Arco
Gestaltung: Monika Sommerhalder, Luzern
Farblithos und Druck: Ott Verlag, Thun

ISBN 3-7225-6777-7
Printed in Switzerland

Die Deutsche Bibliothek – CIP-Kurztitelaufnahme …

«...Gehen Sie hinaus und pflücken eines jener Blümchen, das jetzt überall die Wiesen bedeckt. Es ist das Gänseblümchen, oder viele sagen auch Maßliebchen, kleines Margritchen, die Botaniker Bellis perennis. Und jetzt schauen Sie genau hin: Ich bin sicher, Sie damit zu überraschen, wenn ich Ihnen verrate, dass diese liebliche kleine Blume in Wirklichkeit aus zwei- ja dreihundert vollkommenen Blüten zusammengesetzt ist und zwar bestehend aus Krone, Fruchtknoten, Griffel und Staubblättern; alle sind ebenso vollkommen wie eine Lilien- oder eine Hyazinthenblüte. Jedes einzelne Blättchen, das auf der Oberseite meistens weiß und auf der Rückseite rosa ist, sieht eher wie ein Kronblatt aus und ist doch eine ganze, echte Blüte. Die goldene Mitte besteht nicht, wie man leichthin annehmen möchte, aus lauter Staubblättern, sondern jedes feine ‹Hälmchen› formt auch eine vollständige Blüte.»

Aus ‹Sechster Lehrbrief für Madeleine Delessert›